# 有機EL照明

城戸 淳二【編著】

# はじめに

　2014年11月、日本人研究者3名のノーベル物理学賞受賞に日本は沸いた。20世紀中には無理と言われていた青色発光ダイオード（LED）の大発明である。今では、照明といえばLED照明と言われるほど普及し始めた感がある白色LED照明であるが、演色性の低さやぎらつき、局所的な発熱、そして高い価格など、まだまだ課題は多い。

　一方、有機LEDとも呼ばれる有機ELは、すでにディスプレイの分野で普及し始め、スマートフォンやタブレットに広く使用され、大型テレビも実用化レベルに入った。液晶に比べてコントラスト比が高い上、高速応答性でもあるので、高画質であり、さらにバックライトが不要で極めて薄く、丸められるなどの特徴を有しており、液晶に変わる次世代ディスプレイとして市場を拡大している。

　また、照明としての有機ELは、白色有機ELが1993年に山形大学で開発されて以来、この20年で高効率化、高輝度化、長寿命化が達成され、2011年から照明用の高輝度白色有機ELパネルが米沢市に設立されたルミオテック㈱により製品化された。今では国内外のパネルメーカー数社が生産を開始し、さらなる高性能化や低コスト化にしのぎを削っている。

　製造方法において、LEDでは特殊な真空装置で無機半導体の結晶を成長させるのに対し、有機ELでは非晶質の薄膜を形成するだけであり、その製造方法はいたって単純である。たとえば、真空中で有機半導体材料を加熱して蒸発あるいは昇華させて基板上に堆積させる。あるいは、有機材料を溶剤に溶かして溶液状にして塗布により薄膜を形成する。

　また、発光デバイスとしての形状も、基本的には無機LEDが点光源であり、指向性の強い発光であるのに対し、有機ELは面状光源であり、その上、薄くて曲げられるという利点を有している。もちろん、LEDも光拡散板や導光板の使用により面状光源にはできるが、光のロスが生じてしまう。したがって、光源としてみた場合、無機LEDはスポットライトや間接照明に向いており、有機ELは面状の拡散光源に向いている。

　本書では、有機EL照明の材料からデバイス構造、製造法、そして照明器具としての特徴など、関連技術のすべてを網羅した。有機EL照明に対する理解そして普及に役立てば幸いである。

# 目　　次

はじめに ……………………………………………………………… i

## 第1章　照明用白色有機ELパネル

### 1.1 高効率白色有機ELパネル ………………………… 2

- 1.1.1 次世代照明としての有機EL ………………………… 2
- 1.1.2 照明光源に求められる特性 ………………………… 3
- 1.1.3 高演色性白色発光 …………………………………… 5
- 1.1.4 高輝度・長寿命構造 ………………………………… 8
- 1.1.5 照明用有機EL素子の基本構造 ……………………… 8
- 1.1.6 有機ELの特性の支配要因 ………………………… 10
- 1.1.7 有機ELからの光取り出し ………………………… 12
- 1.1.8 発光体の高効率化 ………………………………… 15
- 1.1.9 光吸収ロスの低減による取り出し効率の向上 …… 15
- 1.1.10 エバネッセントモードの削減と光学マッチングによる高効率化 …………………………………………… 17
- 1.1.11 光取り出し特性の検証 …………………………… 21
- 1.1.12 超高効率白色有機ELパネル ……………………… 22

## 1.2 フレキシブル有機 EL パネル……26
   1.2.1 有機 EL の新しい展開「フレキシブル」……26
   1.2.2 フレキシブル有機パネルの課題……30
   1.2.3 可撓性基板……33
   1.2.4 フレキシブル封止構造……36
   1.2.5 フレキシブル有機 EL の応用例……41

# 第 2 章　有機 EL 材料

## 2.1 蒸着型有機 EL 材料……44
   2.1.1 有機 EL に用いられる有機物の特徴……44
   2.1.2 低分子蒸着型有機 EL 素子の誕生……45
   2.1.3 真空蒸着法と低分子材料の分子量……46
   2.1.4 有機 EL の発光の仕組み……48
   2.1.5 蛍光発光とリン光発光……48
   2.1.6 ゲスト材料とホスト材料……50
   2.1.7 リン光ホスト材料の励起三重項エネルギー……52
   2.1.8 機能分離積層型素子構造……54
   2.1.9 高効率リン光青色素子と白色有機 EL 素子……57
   2.1.10 低電圧リン光有機 EL 素子……57
   2.1.11 熱活性化遅延蛍光発光……60

## 2.2　塗布型有機EL材料 ………………………………… 62
### 2.2.1　塗布型有機EL素子の長所 ……………………… 62
### 2.2.2　塗布型有機EL材料に求められる特性 …………… 62
### 2.2.3　塗布型高分子有機EL材料 ……………………… 63
### 2.2.4　塗布型低分子有機EL材料 ……………………… 65
### 2.2.5　発光層以外の塗布型有機EL材料 ………………… 67
### 2.2.6　乾燥温度と乾燥時間 …………………………… 70
### 2.2.7　塗布プロセスによるマルチフォトンエミッション型有機EL素子の作製 …………………………… 70

# 第3章　製　造　法

## 3.1　真空蒸着式製造法 ……………………………………… 74
### 3.1.1　真空成膜技術の概要 ……………………………… 74
### 3.1.2　真空蒸着装置 …………………………………… 76
### 3.1.3　真空蒸着プロセス ………………………………… 77
### 3.1.4　ゲスト－ホスト法 ………………………………… 83
### 3.1.5　有機EL製造の技術要素 ………………………… 85
### 3.1.6　有機EL用真空成膜装置 ………………………… 91

## 3.2　塗布式製造法 ……………………………………………… 95
　3.2.1　塗布式製造法はなぜ有機 EL 照明に求められているか
　　　　 ……………………………………………………………… 95
　3.2.2　塗布型ロール to ロール …………………………………… 97
　3.2.3　アプリケート法を用いた有機 EL パネル ……………… 99
　3.2.4　スリットノズル塗布方式 ………………………………… 101
　3.2.5　インクジェット塗布方式 ………………………………… 105
　3.2.6　ストライプ塗布方式 ……………………………………… 106
　3.2.7　エレクトロスプレー塗布方式 …………………………… 107

## 3.3　検査工程 ……………………………………………………… 110
　3.3.1　有機 EL 照明の不具合と検査方法 ……………………… 110
　3.3.2　有機 EL 照明の検査装置 ………………………………… 112

# 第4章　有機 EL 照明器具

## 4.1　有機 EL 照明器具の特性 …………………………………… 118
　4.1.1　有機 EL 照明器具開発の背景 …………………………… 118
　4.1.2　有機 EL 照明の優位性と LED 照明との使い分け …… 120
　4.1.3　有機 EL 照明器具開発のポイント ……………………… 122
　4.1.4　主照明用途向け有機 EL 照明器具 ……………………… 124

  4.1.5　デスクスタンド向け有機EL照明器具 …………… 128
  4.1.6　インテリア・デザイン向け有機EL照明器具 ……… 130
  4.1.7　住宅建材組み込み照明 ………………………………… 132

## 4.2　有機EL照明器具の駆動方法 …………… 134
  4.2.1　電子デバイスとしての有機EL ………………………… 134
  4.2.2　定電流駆動 ……………………………………………… 135
  4.2.3　駆動回路の要件 ………………………………………… 137
  4.2.4　回路方式 ………………………………………………… 137
  4.2.5　回路トポロジ …………………………………………… 139
  4.2.6　保護回路 ………………………………………………… 141
  4.2.7　調光制御 ………………………………………………… 143
  4.2.8　外部制御 ………………………………………………… 145
  4.2.9　実際の適用例 …………………………………………… 146

おわりに ………………………………………………………… 151

索　引 …………………………………………………………… 153

## 編　著　者

**城戸　淳二**（きど　じゅんじ）
山形大学
大学院理工学研究科　卓越研究教授
有機エレクトロニクス研究センター　副センター長
有機エレクトロニクスイノベーションセンター　副センター長

## 執　筆　者

第 1 章　照明用白色有機 EL パネル
1.1　高効率白色有機 EL パネル
**菰田　卓哉、井出　伸弘**〔パナソニック㈱〕
1.2　フレキシブル有機 EL パネル
**硯里　善幸**〔山形大学　有機エレクトロニクスイノベーションセンター　准教授〕

第 2 章　有機 EL 材料
2.1　蒸着型有機 EL 材料
**笹部　久宏**〔山形大学　有機エレクトロニクス研究センター　助教〕
2.2　塗布型有機 EL 材料
**夫　勇進**〔山形大学　有機エレクトロニクス研究センター　准教授〕

第 3 章　製造法
3.1　真空蒸着式製造法
**仲田　仁**
　〔山形大学　有機エレクトロニクスイノベーションセンター　産学連携教授〕
**松本　栄一**〔キヤノントッキ㈱〕
3.2　塗布式製造法
**硯里　善幸**〔山形大学　有機エレクトロニクスイノベーションセンター　准教授〕
**畠山　辰男**〔東レエンジニアリング㈱〕
3.3　検査工程
**硯里　善幸**〔山形大学　有機エレクトロニクスイノベーションセンター　准教授〕

第 4 章　有機 EL 照明器具
4.1　有機 EL 照明器具の特性
**川島　康貴**〔NEC ライティング㈱〕
4.2　有機 EL 照明器具の駆動方法
**佐合　益幸**
　〔山形大学　有機エレクトロニクスイノベーションセンター　技術専門職〕

# 第 1 章

# 照明用
# 白色有機ELパネル

## 1.1 高効率白色有機 EL パネル

### 1.1.1 次世代照明としての有機 EL

　昨今のエネルギー使用量削減の流れの中で、また、東日本大震災と福島第一原発事故の影響による電力供給問題から、地球環境問題に対する意識、使用エネルギー削減の意識が高まっている。最近は、太陽光や風力などの自然エネルギーを活用するクリーンな発電方式への取り組みなどが活発になるとともに、燃費の良いハイブリッド自動車、消費電力量を低減した電気製品などの普及が進んでいる。

　これと同時に、照明の高効率化も大きな関心事である。照明のエネルギー消費量は全エネルギー使用量の約 20% を占めるため、高効率化によるエネルギー削減の潜在的効果は非常に大きく、現在の照明を次世代高効率照明へ置き換えると、2030 年には年間 700～1,100 TWh の電力（日本の 2012 年の年間発電量（1,013 TWh）に匹敵）を削減できるという試算もある[1]。事実この数年は、高効率 LED（Light Emitting Diode）を用いた照明器具が本格的な普及段階に入り、効率の低い白熱電球などを用いた既存の照明器具に代わる次世代照明の柱として台頭してきている。

　一方、有機 EL（Electro Luminescence）も有望な次世代照明デバイスとして認知され始めている。現時点では効率や寿命、光束（光量）などにまだ課題が残っているものの、LED とは異なる有機 EL ならではの特徴、たとえば、軽量・超薄型の面光源であること、直視ができる柔らかい光を発すること、曲げられる光源も実現可能であること、などが注目され、近年の材料技術の飛躍的な進歩、デバイス構造上の工夫、そして光取り出し技術の発展などによる性能の向上を背景として、器具としての設計自由度が高い新光源としての期待感が高まってきており、多くの企業、研究機関が、材料、デバイス、光学設計、回路設計、デザイン、器具開発など、それぞれの視点からの研究開発に取り組

んでいる。

## 1.1.2　白色有機 EL と照明への応用の始まり

　有機 EL は電極間に挟まれた薄膜の有機材料からなるデバイスであり（図 1.1.1）、陽極から注入されたホール（正孔）と陰極から注入された電子が発光層で再結合することにより発光する。なお図 1.1.1 には、発光層および、その陽極側あるいは陰極側の電子輸送層がそれぞれ 1 層の場合の構造を例示したが、電気的あるいは光学的な観点から各層をそれぞれ 2 層以上の積層体として構成することもある。

　有機 EL は、発光層に用いる材料の種類によって赤緑青などさまざまな色の発光が得られることから、ディスプレイ用の自発光デバイスとして注目され、1990 年頃から研究開発が活発となってきた。一方、白色有機 EL は、1993 年に山形大学の城戸淳二らによって実現されて以来[2]、照明への適用を目指した開発が行われるようになり、2000 年頃には当時の高効率蛍光材料、金属ドープ型低電圧注入層などの活用によって効率が 10～15 lm/W（白熱電球と同程度）にまで向上した[3]。また、2 インチサイズの白色パネルが試作されるなど（図 1.1.2）、いわゆるバックライトとしての活用可能性が松下電工(株)〔当時。現・パナソニック(株)エコソリューションズ社〕、スタンレー電気(株)、(株)アイメスなどから報告されている。

　その後、2004 年頃からは照明用光源としての開発を支援する国家プロジェ

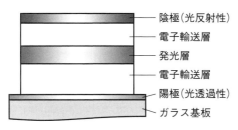

図 1.1.1　有機 EL の構造の概要

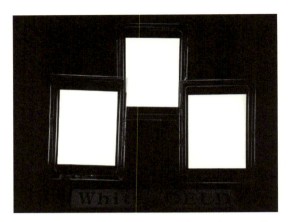

図 1.1.2　白色バックライトの試作品（2 インチ）

クトが日本はもちろんのこと、米国、欧州でも複数開始され[4]、材料メーカー、デバイスメーカー、装置メーカーなど多種の企業が参画した開発を行うことで性能向上に弾みがついてきた。これらのプロジェクトの成果および関連技術は、パナソニック出光 OLED 照明（株）（2011 年当時）、Lumiotec（株）、NEC ライティング（株）などから技術成果として発表され[5),6),7)]、あるいは一部の製品に展開されている。

　照明光源としての白色有機 EL には、単なる白色有機 EL 素子としての効率・寿命などの基本性能に加え、

・対象物の色調を正しく再現できること（高演色性）

・所定の色温度であること（たとえば電球色、昼白色など）

・対象物を明るく照らせること（大面積の高輝度発光による必要な光束の確保）

など、照明光源ならではの種々の特性が求められる。

　現行の主照明である蛍光灯は、輝度数千〜1 万 $cd/m^2$、電力効率約 80〜100 lm/W、輝度が初期輝度の 70 % に減衰するまでの寿命（70 % 寿命）1 万時間以上、演色性約 84、種々の色温度のラインナップの存在、という非常に優れた性能を有する光源であり、一般的な家庭用のシーリングライト用には

3,000〜5,000 lm 程度の光束を放射するものが使用されている。一方、有機 EL では、2014 年 8 月現在、輝度 3,000〜4,000 cd/m$^2$、電力効率 30〜60 lm/W 程度、70 %寿命 1 万時間程度、演色性 80 以上といった特性が代表的であり、照明光源としての一般的な特性は満たしているものの、蛍光灯や LED の特性にはまだ及ばない。

また、光束は輝度と発光面積に相関するため〔発光が完全拡散面と見なすと、光束(lm) = π × 輝度(cd/m$^2$) × 面積(m$^2$) という数式で算出できる〕、たとえば 5,000 lm の光束を輝度 3,000 cd/m$^2$ の有機 EL で得るには、60 cm 角の大きな発光面が必要である。

このように蛍光灯に匹敵する照明環境を有機 EL で実現するには、大面積・高輝度でも前記特性を満足できなければならない。よって、有機 EL の特性を支配する各要素技術、具体的には、

① 発光材料
② デバイス構造
③ 光取り出し構造

のそれぞれを発展させる必要がある。以下には、これらの各技術の開発動向を、現在市販に至っているレベルの技術、および現在開発中の技術に大別して順に示す。

### 1.1.3 高演色性白色発光

有機 EL の効率、寿命などの電気的特性および光学的特性は、発光層その他の層を含めた素子全体の設計によって決定される。白色発光を得るには複数の発光材料からの種々の波長の光を混ぜることが必要であり、特に演色性（平均演色評価数 Ra）の高い白色光の場合、発光スペクトル（すなわち発光材料）の選定とその組合せが重要となる。

図 1.1.3 に、白色発光を得るための 2 波長、3 波長、4 波長の位置づけ、色の組合せの例と、得られる白色スペクトルの例を示す。単なる白色発光は補色関係にある二色、たとえば青色と黄色の混色によっても得られるが、Ra は 70

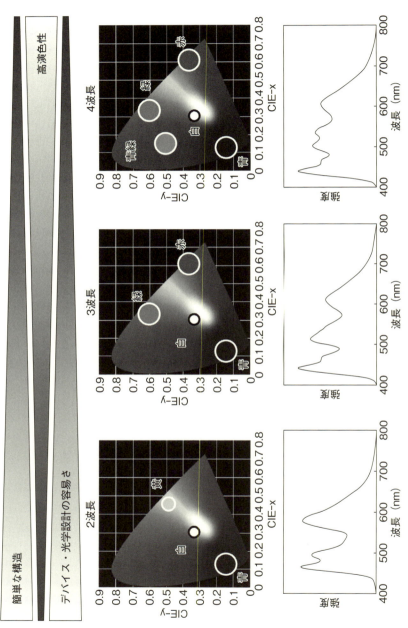

図 1.1.3　白色発光を得るための色の組合せと白色スペクトルの例

第 1 章　照明用白色有機 EL パネル

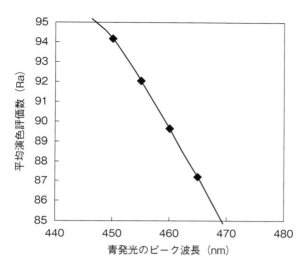

図 1.1.4　青の発光ピーク波長と平均演色評価数との関係

程度と低く照明用光源としては十分な特性のものではない。一方、青、青緑、黄緑、赤といった 4 波長を混合してブロードなスペクトルを作ると、Ra が 90 以上の高演色白色光が得られる。しかし、これら 4 つの発光色を長期間にわたってバランス良く発光させるためには、材料およびデバイス構造に工夫が必要であり、難易度が高い。よって、赤緑青三色の適切なスペクトルを有する発光材料を選定した白色発光素子が現在は一般的である。

　図 1.1.4 に赤緑青三色の組み合わせに関して、あくまで一例であるが、ピーク波長 615 nm の赤色、ピーク波長 525 nm の緑色を用いた場合に、青色ピーク波長と演色性との関係を検討した結果を示す。ピーク波長 470 nm 以下の青色発光材料を用いた場合には蛍光灯レベルの演色性（Ra＞84）を、またピーク波長 455 nm 以下の青色発光材料を用いた場合には美術館などで求められる高いレベルの演色性（Ra＞90）をも達成することが可能であることがわかる。

　なお、図 1.1.3 の下部に示した 3 つの白色スペクトルの平均演色評価数 Ra はそれぞれ 70、94、97 であり、前述の発光材料数と演色性との関係が見られる。

7

### 1.1.4 高輝度・長寿命構造

有機 EL の寿命は輝度と相反する関係にあるため、当初、高輝度での長寿命化は困難と考えられてきた。しかし、複数の発光ユニットを備える、いわゆるマルチフォトン構造[8]、タンデム構造の登場以来、このトレードオフは大きく改善された。これらの構造は、電気的に直列接続された複数の素子を並置するのではなく同一エリア内に設けるものであって、発光ユニットを電極的な機能を有する光透過性の中間層を介して積層することで実現される（図 1.1.5）。

これらの多ユニット構造では、素子両端の電極に電圧を印加した際、すべての発光ユニットから発生した光が合算され、同一電流でも高輝度が得られることが特徴である。よって、所定の輝度を得るのに必要な電流をユニット数に概ね反比例して低減できるため、輝度寿命が改善されるとともに、発光輝度の均一化、電源負荷の低減などのメリットも得られる。近年では、ほとんどの照明用有機 EL にはこの種の構造の素子が用いられていると推定される。

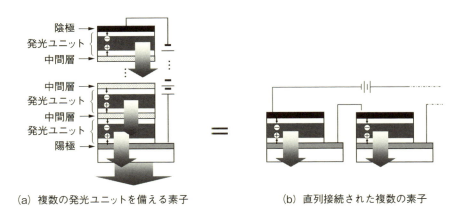

(a) 複数の発光ユニットを備える素子　　(b) 直列接続された複数の素子

図 1.1.5　高輝度・長寿命構造の原理

### 1.1.5　照明用有機 EL 素子の基本構造

前項に概説した発光材料・スペクトルの選定・設計、マルチ型のデバイス構造などを鑑みパナソニックの菰田卓哉らのグループは、2 ユニットからなる白

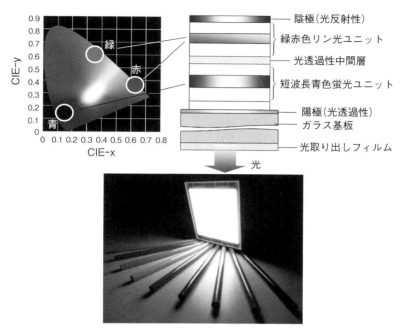

図 1.1.6　照明用有機 EL 素子の構造例と白色有機 EL パネルの例

色素子を開発した。

　本白色素子は短波長青色発光ユニットと緑赤色発光ユニットを積層しており、短波長青色発光ユニットにはピーク波長 460 nm 以下の効率と寿命のバランスがとれた蛍光青色発光材料を、緑赤発光ユニットには高効率と長寿命を両立可能なリン光発光材料を選定したものである[5]。

　この基本構造に対し、薄膜光学シミュレーションを用いて有機層の膜厚、発光層と反射電極との距離などの光学設計を行い、効率、色度と視野角依存性のバランスの最適化を行った。その後、本素子を透明電極（ITO）付きガラス基板上に蒸着法によって形成、封止し、ガラス基板表面に凹凸構造を有する光取り出しフィルムを貼付することによって白色有機 EL パネルを得た（図 1.1.6）。

　なお、第 2 章、第 3 章に詳しく述べられているとおり、有機 EL は蒸着、塗布いずれの方法によっても作製可能であるが、本白色素子開発の時点で菰田らは

・蒸着型材料・デバイスが塗布型材料・デバイスに対して性能、特に寿命が有利である

・高効率を実現しやすい発光ユニット構造および高輝度・長寿命を実現する多ユニット構造は、いずれも多くの層の積層によって構成されており、その形成には蒸着方式が適している

などの観点から蒸着型の白色有機 EL の開発、試作を行った。

得られた白色有機 EL 素子は、輝度 1,000 cd/m² において、電力効率 42 lm/W、Ra 90、色温度 3,400 K、推定輝度半減寿命 10 万時間以上を示すものであった。また、赤緑青各色の発光強度の角度依存性は概ね一致しており、視野角依存性は ENERGY STAR® が規定している照明用白色光源に求められる規格[9]をほぼ満たすものであった。

この結果は、白熱電球（15～20 lm/W）の約 2 倍の効率、白熱電球以上の寿命、蛍光灯以上の演色性を同時に実現したものであり、関連する技術が 2011 年にパナソニック出光 OLED 照明（株）（当時）から発売された約 30 lm/W（輝度 3,000 cd/m² 時）の有機 EL 照明パネルにも展開された。しかしながら、蛍光灯の効率（60～100 lm/W）や LED の効率にはまだ及ばないため、さらなる高効率化によるキャッチアップが必須である。

## 1.1.6　有機 EL の特性の支配要因

有機 EL の特性を支配する要因は、前節にも挙げた以下の 3 つである。

① 発光材料

② デバイス構造

③ 光取り出し

ここで、有機 EL 素子の外部量子効率を詳細に検討してみる。

有機 EL の外部量子効率（EQE）は、内部量子効率（IQE）と光取り出し効率（LEE）の積で表される（式 1.1）。IQE とは、素子に注入された電荷に対する発光光子の割合（$\phi_{radiation}$）であり、LEE は全発光量に対する外部に取り出せる光の割合（$\phi_{external}$）である（式 1.2）。

$$EQE = IQE \times LEE \quad \cdots\cdots (1.1)$$
$$= \phi_{radiation} \times \phi_{external} \quad \cdots\cdots (1.2)$$

まず、素子に注入された電荷に対する発光光子の割合（$\phi_{radiation}$）について考える。

$\phi_{radiation}$ は、発光に寄与しない電荷の割合（$\phi_{non\text{-}radiation}$）を高効率発光材料の使用、キャリアバランスの調整などで低減することで増大できるが、その場合でもエバネッセントモードという、金属電極にエネルギーが移動する非発光ロス（$\phi_{evanescent}$）が存在するため、下記の式1.3および式1.4の関係が成り立つ。

$$\phi_{radiation} = 1 - \phi_{non\text{-}radiation} - \phi_{evanescent} \quad \cdots\cdots (1.3)$$
$$= 1 - \phi_{evanescent} \quad \cdots\cdots (1.4)$$

〔(1.4) は $\phi_{non\text{-}radiation} \sim 0$ の場合〕

よって、内部量子効率 IQE、すなわち $\phi_{radiation}$ を増大させるには、

① 発光体の性能向上（発光材料およびデバイス構造による改良）

② エバネッセントモードの低減

の二つが必要であることがわかる。

一方、全発光量に対する外部に取り出せる光の割合（外部モード：$\phi_{external}$）は、基板モード（$\phi_{substrate}$）と導波モード（$\phi_{waveguide}$）、および光吸収などによるロス（$\phi_{absorption}$）と式1.5の関係にある。

$$\phi_{external} = 1 - \phi_{substrate} - \phi_{waveguide} - \phi_{absorption} \quad \cdots\cdots (1.5)$$

よって、外部光取り出し効率 EQE、すなわち $\phi_{external}$ の増大には、

① 導波モードの低減

② 基板モードの低減（取り出し）

③ 光吸収ロスの低減

の三つの対策が必要であることがわかる。

以上の式1.2～式1.5を整理すると、以下の式1.6が得られる。

$$EQE = (1 - \phi_{evanescent}) \times (1 - \phi_{substrate} - \phi_{waveguide} - \phi_{absorption}) \quad \cdots\cdots (1.6)$$

## 1.1.7　有機ELからの光取り出し

前述の通り、有機ELの高効率化の手段の一つが光取り出し効率$\phi_{external}$の向上である。

一般的に有機ELでは、発光が高屈折率の有機発光層(屈折率1.8～2.0程度)内で生じ、またガラス基板(屈折率1.5)が用いられているため、屈折率段差界面である有機発光層-基板間および基板-外界(空気)間での全反射が起こり、それぞれが導波モード(高屈折率層に閉じこめられた光)、基板モード(基板に閉じこめられた光)となる結果、外部に取り出せる光の割合$\phi_{external}$は20%程度にすぎない。

そこで、前述の凹凸構造を有するフィルムなどで基板外部に散乱構造を設け、基板-空気界面の全反射を抑えて基板モードの一部を取り出し、$\phi_{external}$を約30%程度に向上させるのが、簡便かつ一般的な光取り出し向上手段として知られている[10],[11]。この種の方法が現在発売されているほとんどの照明用有機ELパネルに適用されている。

さらなる高効率化には、前述の方法では取り出すことのできない導波モードの取り出しが必要である。一例であるが、有機発光体および透明電極と同程度の高い屈折率の基板を用いることで、発光体および電極と基板との界面における全反射を抑制し、導波モードを基板モードに変換することができる[12]。この場合、高屈折率散乱構造の併用によって光取り出し効率$\phi_{external}$を40%程度にまで高めることが可能となる。

図1.1.7に種々の構造の有機EL素子と、その中での光の振舞いを例示した。

しかし、高屈折率基板として使用しうる高屈折率ガラス、高屈折率樹脂フィルムは、いずれも優れた効率が確認されているものの、高屈折率ガラスは大面積化、低コスト化などの量産性に関して、高屈折率樹脂フィルムは水分バリア性に関しての課題があり、現時点では樹脂フィルムがようやく実用化の目処がつき始めた段階である。このため、電極近傍への光取り出し構造形成、散乱性有機層の導入など、他の方策による光取り出し技術も検討されている[7]～[9]が、性能面、実用面での課題がまだ残っている。

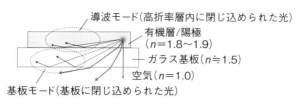

(a) 通常構造

(b) 従来の光取出し構造

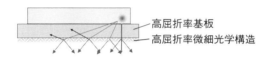

(c) 高屈折率基板

図 1.1.7　有機 EL 内の光の挙動の概要

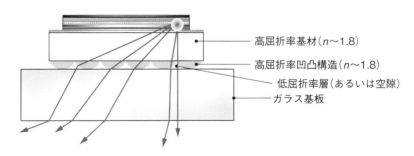

図 1.1.8　ビルドアップ光取り出し基板の構造例と光の経路

　そこで菰田らは、ガラス基板上に高屈折率光取り出し構造を構築したビルドアップ光取り出し基板を開発した。本基板は、光取り出し層として凹凸形状を有する高屈折率層をガラス基板-電極間に設けたものである[5)~7)]。

　その一例を図 1.1.8 に示す。光取り出し層から透明電極までの層は有機発光

層と同程度の高い屈折率をもつため、有機発光層内で発生した光は凹凸形状を有する光取り出し層まで全反射ロス少なく伝搬され、光取り出し層-ガラス基板間に存在する低屈折率層に取り出される。ここで、低屈折率層に取り出された光は全反射ロスが少なく、特に低屈折率層が空隙の場合には全反射することなくガラス基板を通過できることが本構造の最大の特徴である。

以上の光学的効果により、ビルドアップ光取り出し基板上に形成した有機ELは高い光取り出し効率を示すことが期待できる。

本基板上に、前述の白色有機EL素子（通常基板＋光取り出しフィルムで42 lm/Wを達成したもの。推定光取り出し効率25～30 %）を形成したところ、電力効率は56 lm/W（推定光取り出し効率40 %）にまで向上し、ビルドアップ光取り出し基板の高い光取り出し特性を検証することができた。各種特性の比較を表1.1.1にまとめた。

表1.1.1　白色有機EL素子の特性例

at 1,000 cd/m$^2$

| 光取り出し構造 | ビルドアップ光取り出し基板<br>（高屈折率層＋微細構造） | 従来構造<br>（ガラス基板＋光取り出しフィルム） |
| --- | --- | --- |
| 電力効率 | 56 lm/W | 42 lm/W |
| 光取り出し効率<br>（推定※） | ～40 % | 25～30 % |
| 輝度半減寿命 | >150,000 h | >100,000 h |
| 電　圧 | 6.1 V | 6.0 V |
| Ra | 91 | 90 |
| 色度座標 | (0.42, 0.41) | (0.41, 0.39) |
| 色温度 | 3,200 K | 3,400 K |

※光取り出し効率は直接計測が困難であるため、光取り出し構造のないデバイスをベースに算出

## 1.1.8　発光体の高効率化

　高効率化の手段のもう一つが発光材料の性能向上である。

　前述の白色有機ELでは青色材料には蛍光材料を用いていたが、この部分に高効率発光材料であるリン光材料[16]、あるいは最近注目されているTADF材料[17]、[18]など（理論上は、蛍光材料の発光効率が25～40％であるのに対し、これら高効率材料の発光効率は100％とされている）を適用することで、白色素子としても効率向上が可能である。

　前述の通り、照明に好適とされる高演色性の白色発光を得るため、特に、いわゆる白っぽい白色である高色温度を実現するためには、短波長の青色発光を用いることが必要である。しかし現時点では、短波長・高効率・長寿命を兼ねそろえた青色材料がまだ見出されていないため、演色性および色温度の優先順位を下げ、効率と寿命を比較的高いレベルで両立可能な長波長の青色（ライトブルー：ピーク波長480 nm）を選定し、低色温度での高効率白色素子の特性検証を行った。

　また、低色温度の白色発光における青：緑：赤の発光強度は概ね1：1：2であるが、高効率材料の適用によって青色発光の強度が増大するため、これまでに採用してきた青ユニットと赤緑ユニットの組合せでは前述の発光強度比は得られない。よって、リン光青色材料と赤色材料を含むリン光発光ユニットと緑赤色リン光発光ユニットからなる新たな2ユニット型構造を選定した。

　本構造で青・緑・赤の発光強度バランスを調整し、得られた白色素子を前述のビルドアップ光取り出し基板上に形成した結果、電力効率は87 lm/Wとなり、約50％の効率向上を達成することができた。さらに、青色発光層とその周辺の層のエネルギーレベル調整、ドープ濃度、材料の組合せ検討などによって青色発光層周りの電圧ロスを低減した結果、電力効率は約100 lm/Wにまで向上した。

## 1.1.9　光吸収ロスの低減による取り出し効率の向上

　ビルドアップ光取り出し基板を用いた場合には、素子内で発生した光は全反

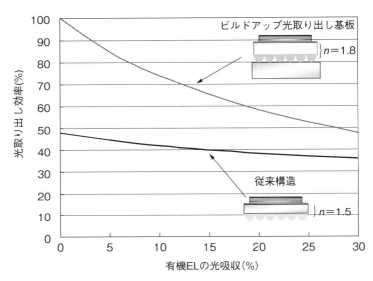

図1.1.9　ビルドアップ光取り出し基板と標準構造の吸収影響の差

表1.1.2　光吸収ロスを低減した白色有機EL素子の特性

| | |
|---|---|
| 輝　度 | 1,000 cd/m$^2$ |
| 電力効率 | 110 lm/W |
| 外部量子効率 | 99 % |
| 光取出し効率（推定） | >49 % |
| 輝度半減寿命 | >100,000 h |
| 電　圧 | 5.6 V |
| Ra | 91 |
| 色度座標 | (0.477, 0.423) |
| 色温度 | 2,600 K |
| 発光面積 | 25 cm$^2$ |

射ロスが少なく凹凸光取り出し層にまで到達する。この挙動は、通常のガラス基板を用いた素子の挙動（発光層内で発生した光の多くが電極とガラス基板界面で全反射）とは大きく異なるため、本基板のもつ光取り出しポテンシャルを最大限発揮させるためには、ビルドアップ光取り出し基板の光学構造にマッチングするための有機 EL 素子の光学設計が不可欠である。

まずここで、素子の内部光吸収の影響を考察する。

図 1.1.9 に、素子の内部光吸収が最終的な光取り出し効率に与える影響を見積もった結果を示す。縦軸が光取り出し効率の期待値、横軸が有機 EL 素子内の光吸収率である。高い光取り出し効率ポテンシャルを有するビルドアップ光取り出し基板といえども、素子内部の吸収が大きいと光取り出し効率が大幅に低下することがわかる。内部吸収の影響が従来の光取り出し構造よりも顕著に現れるのは、本基板を用いることで取り出せるはずの導波モードが、内部吸収によって消失してしまうためと考えられる。

本考察の検証のために、発光素子を消衰係数が特に小さい材料のみで構成し内部吸収を低減したところ、外部量子効率を約 20 ％向上させることができ、電力効率は 110 lm/W にまで達した（表 1.1.2）。

## 1.1.10　エバネッセントモードの削減と光学マッチングによる高効率化

これまでに述べたとおり、有機 EL の導波モードは透明電極や有機層の屈折率を適切に調整することで基板モードと一体化させることができ、また光吸収ロスは消衰係数の小さい材料を電極や有機層に適用することによって低減できる。その際、前述の式 1.6 は以下の式 1.7 で近似することができる。

$$\mathrm{EQE} = (1-\phi_{\mathrm{evanescent}}) \times (1-\phi_{\mathrm{substrate}}-\phi_{\mathrm{waveguide}}-\phi_{\mathrm{absorption}}) \quad \cdots\cdots (1.6)$$
$$= (1-\phi_{\mathrm{evanescent}}) \times (1-\phi_{\mathrm{substrate}}) \quad \cdots\cdots (1.7)$$

式 1.7 より、有機 EL の EQE をさらに向上させるために残された課題は、

① エバネッセントモードの削減

② 基板モードの取り出し

の二つであることがわかる。

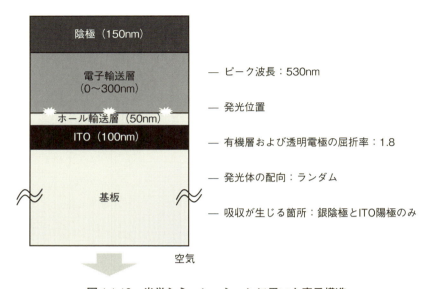

図 1.1.10　光学シミュレーションに用いた素子構造

　エバネッセントモード削減の方法は以前からいくつか提案されている。たとえば、有機層と電極間への散乱層の導入、薄い金属陰極を用いることによるキャビティ構造の導入、発光分子の水平配向などである[12),19),20)]。

　ここで菰田らは、金属陰極と発光層間の距離に着目した。有機EL中の各モードを定量化するために、高効率基板を用いた有機EL構造（図1.1.10）を以下の仮定を置いた光学シミュレーション（setfos：FLUXiM社製）によって解析した。

・波長：530 nm
・発光位置：ホール輸送層と電子輸送層界面（よって、発光層と電極間距離は電子輸送層膜厚と同等）
・有機層および透明電極の屈折率：1.8
・発光体の配向：ランダム
・吸収が生じる箇所：銀陰極とITO陽極のみ（有機層の光吸収なし）

　図 1.1.11 は、前記解析によって得られた各モードの分率の電子輸送層膜厚

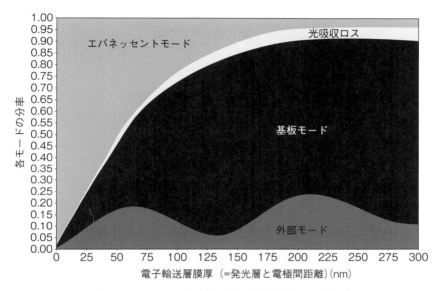

**図 1.1.11　各モードの分率の電子輸送層膜厚依存性**

依存性である。電子輸送層膜厚を厚く（たとえば厚み 100 nm 以上）することで、ほとんどのエバネッセントモードが基板モードに変換されるという結果が得られた。よって、高移動度かつ高透明な電子輸送層を適用することで、駆動電圧および光吸収ロスを増加させず、エバネッセントモードを減少させた高 IQE の有機 EL 素子を実現できる可能性があることがわかる。

　一方ここでは、すでに導波モードおよび光吸収ロスのほとんどが基板モードに集約されているため、最終的に基板モードの光を効率高く取り出すためには、各モードの光が集約された際の配光分布を考慮した光取り出し構造設計が必要である。

　**図 1.1.12** に前述の光学シミュレーションによって算出した基板内の配光分布を示す。電子輸送層がさほど大きくない（膜厚 50 nm 前後）通常の素子では主に正面方向に配光しているが、発光層と電極間距離を大きくしてエバネッセントモードの低減を図った系では、配光方向が広角側にシフトし、基板内の主モードは広角成分（ここでは 45°以上の成分とした）であることが判明した。

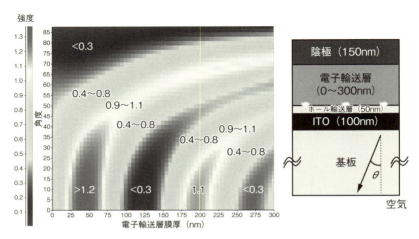

図 1.1.12 高屈折率（$n$=1.8）基板内の配光分布の電子輸送層膜厚依存性

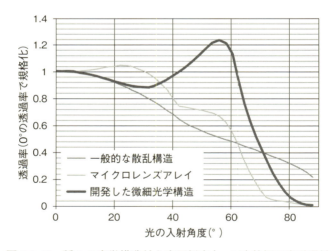

図 1.1.13 種々の光学構造付き高屈折率（$n$=1.8）基板の光透過性

よって、光取り出し構造としては、広角成分の取り出しに優れたものを適用することが必要である。

菰田らは本指針に基づいて光学構造の設計を行い、広角成分の取り出しに適するものとして、40〜70°の光透過率が極めて高い微細光学構造を開発した。

透過率の角度依存性を一般的な散乱構造およびマイクロレンズアレイと比較した結果を図 1.1.13 に示す。散乱構造およびマイクロレンズ構造は、正面近傍の透過率が最も高いのに対して、菰田らの開発した微細光学構造は約 55°方向の透過率が正面方向以上に高いことが特徴である。

## 1.1.11　光取り出し特性の検証

　電子輸送層を厚くしエバネッセントモードの低減を意図した 2 ユニット白色有機 EL 素子と、通常の膜厚構成の白色有機 EL 素子を以下の基板上に作製し、外部量子効率を比較した。

　・通常のガラス基板
　・一般的な散乱層を形成した光取り出し基板
　・広角成分の取り出し特性に優れた光学構造を形成した光取り出し基板
　・高屈折率レンズ

　この際、前記 2 種の素子の電気的特性は極力同一となるように設計したため、外部量子効率の比は、すなわち各基板の光取り出し特性の比と見なすことができる。

　$1\,cm^2$ の素子を $0.6\,mA/cm^2$ で駆動した際の各角度への発光強度を測定し積分して得た発光特性の結果を表 1.1.3 にまとめて示す。

　ここで高屈折率レンズ系は、電極―基板間および基板―空気間の全反射がほぼ無視できる系であり、エバネッセントモードの低減度合いを定量的に評価す

表 1.1.3　$1cm^2$ 白色有機 EL の外部量子効率

| 基　板 | 電子輸送層の厚い素子 | 通常の素子 |
|---|---|---|
| 通常のガラス基板 | 38 % | 44 % |
| 散乱層付き光取り出し基板 | 82 % | 82 % |
| 広角成分の透過率に優れた光取り出し基板 | 105 % | 97 % |
| 高屈折率半球レンズ（エバネッセントモード低減評価用） | 132 % | 120 % |

るために用意したものである。電子輸送層が厚い素子の外部量子効率は132％であり、電子輸送層の薄い素子の外部量子効率（120％）に対して1割程度高い結果が得られた。電子輸送層の膜厚を大きくしたことによるエバネッセントモードの低減効果を実験的に捉えたものであると考えられる。

　一方、広角成分取り出し特性を向上させた微細光学構造との相乗効果も明確に確認された。通常のガラス基板、および、一般的な散乱層を形成した光取り出し基板を用いた系では、電子輸送層の膜厚が異なる2つの有機EL素子の外部量子効率はほぼ同等であったのに対し、菰田らが開発した広角成分の取り出しに優れる光取り出し基板では、約1割の外部量子効率の差が確認された。エバネッセントモードを抑制し広角成分の割合を増やす素子設計と、広角成分の光透過率を高めた光取り出し基板とを組み合わせた系のマッチングが基板モードの光を効率よく取り出すためには重要であることがわかる。

### 1.1.12　超高効率白色有機ELパネル

　以上の設計方針を適用し、再度の電気的（低電圧化、IQE向上）および光学的（配光パターンなど）の最適化を行った100 cm$^2$の白色有機ELパネルを試作した（図1.1.14）。本パネルは、電力効率133 lm/W（輝度1,000 cd/m$^2$時）、外部量子効率112％という超高効率を実現した。発光特性を表1.1.4にまとめて示す。

　発光パターンは概ねランバーシアン、色度はかなり低色温度であったもののENERGY STAR[®14)]の白色規格内にあり、照明用白色パネルと称することができる。なお、外部量子効率約112％とは、最低でも約56％の極めて高い光取り出し効率が実現されたことを意味している（＝約112％÷2：2つの発光ユニットの内部量子効率がいずれも100％であると仮定する場合）。電力効率、光取り出し効率ともに、これまでに報告されたことのない高い値であるとともに、素子、光取り出し基板の光学マッチングを突き詰めることにより、平坦な基板でも半球レンズ系に迫る高光取り出し効率を実現できることを示した成果であるといえる。

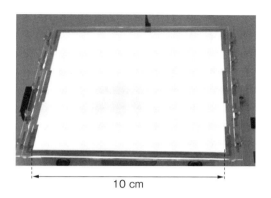

図 1.1.14　白色有機 EL パネルの試作品

表 1.1.4　試作した白色有機 EL パネルの特性

| 輝　度 | 1,000 cd/m$^2$ |
|---|---|
| 電力効率 | 133 lm/W |
| 外部量子効率 | 112 % |
| 光取出し効率（推定） | ＞56 % |
| 輝度半減寿命 | ＞150,000 h |
| 電　圧 | 5.4 V |
| Ra | 84 |
| 色度座標 | (0.48, 0.43) |
| 色温度 | 2,600 K |
| 発光面積 | 100 cm$^2$ |

☆　　　☆

　白色有機 EL の特性は、かつては一つの目標とされていた 100 lm/W を超えるレベルについに到達した。材料技術としては新しい発光機構の導入、デバイス技術としては輝度と寿命とのトレードオフを打ち破る多ユニット構造というブレークスルー、光取り出し技術としては基板とデバイスに関する緻密な光学設計など、材料技術、デバイス技術、光取り出し技術のすべてが進化し融合さ

れた成果であるといえよう。

　しかし、照明光源に対する要望は、さらなる高効率、長寿命、低コスト、生活空間の快適化など、どの観点からも留まるところを知らない。冒頭にも記したように、LEDとは異なる特徴を有する有機ELという新しいあかりへの期待が高まる中、関係者の総力を挙げた継続的な取り組みによって有機EL照明を早く身近なものにしたいと願っている。

　ここに記した技術は、独立行政法人　新エネルギー・産業技術総合開発機構（NEDO）から委託を受けた「有機発光機構を用いた高効率照明技術の開発」「次世代高効率・高品質照明の基盤技術開発」プロジェクトの成果である。また、プロジェクトメンバーである出光興産、および材料・部材・装置等のご支援をいただいたUniversal Display Corporation（UDC）ほか多数の皆様に御礼申し上げます。

## 参 考 文 献

1) International Energy Agency："25 Energy Efficiency Policy Recommendations,"（2011）.
2) J. Kido, K. Hongawa, K. Okuyama, K. Nagai：Appl. Phys. Lett. 64, 815（1994）.
3) Y. Kishigami, K. Tsubaki, Y. Kondo, J. Kido：Asia Display / IDW'01, 659（2001）.
4) 独立行政法人　新エネルギー・産業技術総合開発機構：
　・「高効率有機デバイスの開発」事後評価報告書（2007）
　・NEDO省エネルギー技術フォーラム2010「高効率有機EL照明の実用化研究開発」（2010）
　・「有機発光機構を用いた高効率照明技術の開発」事後評価報告書（2011）
　・「次世代照明等の実現に向けた窒化物半導体等基盤技術開発／次世代高効率・高品質照明の基盤技術開発」中間評価報告書（2011）
　　など
5) T. Komoda, N. Ide, V. Kittichungchit, K. Yamae, H. Tsuji, Y. Matsuhisa：Journal of the SID 19/11, p838（2011）.
6) K. Yamae, H. Tsuji, V. Kittichungchit, N. Ide, T. Komoda：Journal of the SID 21/12, p.529（2013）.
7) K. Yamae, V. Kittichungchit, N. Ide, M. Ota, T. Komoda：SID 2014 Digest（2014）.

8) J. Kido, T. Matsumoto, T. Nakada, J. Endo, K. Mori, N. Kawamura, A. Yokoi : SID Symposium Digest 34, 964 (2003).
9) ENERGY STAR® Program Requirements for Solid State Lighting Luminaires, Eligibility Criteria-Version 1.1 (2008).
10) S. Tanaka, Y. Kawakami, Y. Naito : SPIE 49th Annual Meeting, Technical Summary Digest, 5519-33 (2004).
11) Y. Sun, S. R. Forrest : J. Appl. Phys. 100, 073106 (2006).
12) S. Reineke, F. Lindner, G. Schwartz, N. Seidler, K. Walzer, B. Lüssem, K. Leo : Nature 459, p. 234 (2009).
13) Bechtel, W. Busselt, J. Opitz : SPIE 49th Annual Meeting, Technical Summary Digest, 5519-34 (2004).
14) Y. Sun, S. R. Forrest : Nature Photonics 2, p. 483 (2008).
15) B. Riedel, J. Hauss, U. Geyer, J. Guetlein, U. Lemmer, M. Gerken : Appl. Phys. Lett. 96, 243302 (2010).
16) C. Adachi, M. A. Baldo, M. E. Thompson, S. R. Forrest : J. Appl. Phys. 90, 5048 (2001).
17) H. Uoyama, K. Goushi, K. Shizu, H. Nomura, C. Adachi : Nature, 492, 234 (2012).
18) H. Nakanotani, T. Higuchi, T. Furukawa, K. Masui, K. Morimoto, M. Numata, H. Tanaka, Y. Sagara, T. Yasuda, C. Adachi : Nat. Commun., 5, 4016 (2014).
19) T. Ogiwara, H. Ito, Y. Mizuki, R. Naraoka, M. Funahashi, H. Kuma : SID 2013 Digest, p. 515 (2013).
20) T. D. Schmidt, B. J. Scholz, C. Mayr, W. Brütting : SID 2013 Digest, p. 604 (2013).

# 1.2 フレキシブル有機 EL パネル

## 1.2.1 有機 EL の新しい展開「フレキシブル」

　有機 EL がこれまでの照明やディスプレイの概念を打ち破り、新たなデバイスとして普及するためには、新しい特徴（付加価値）が必要である。有機 EL 素子は高効率な面状の光源という特徴をもつが、達成可能な新しい特徴として、①可撓性、②軽量、③薄型、④アンブレイカブル（割れない）、⑤透明デバイスがある。①可撓性は曲げることが可能なベンダブル、折りたたみが可能なフォールダブルなどのさまざまな意味を含んでいる。また、①可撓性を達成する上で、②軽量、③薄型、④アンブレイカブルも同時に達成されることが多いため、①～④までの特徴を含め「フレキシブル」と総称されることが多い。

　現在販売されている有機 EL 照明のほとんどがガラス基板を用いているため、固く（非フレキシブル）、重く、割れる商品となっている。一方で、最新の有機 EL 開発として、フレキシブル有機 EL 照明の試作が盛んに行われている。山形大学有機エレクトロニクスイノベーションセンターでも 10 cm×10 cm のフレキシブル有機 EL 照明パネルの試作に成功している。その外観、性能を図 1.2.1 に示す。

　試作したフレキシブルパネルのサイズは 10 cm 角の大きさであるが、現在 30 cm 角を超える大きさのフレキシブルパネルの試作も報告されている。試作したフレキシブルパネルの特筆すべき特徴は、その重量である。10 cm 角で、わずか 4g であり、これは 1 $m^2$ に換算しても約 400 g という重量である。同時に作製したガラス基板での 10 cm 角パネルの重量は 32 g であるため、約 1/8 の軽量化を達成している（図 1.2.2）。さらにその厚さは 0.3 mm である。本フレキシブルパネルの構造の詳細は後述するが、基板および封止基板にはバリアフィルム（0.1 mm）を用いており、有機 EL パネルの厚さのほとんどはバリアフィルムの厚さである。より薄いフィルムを用いることで、より薄いパネルに

第 1 章　照明用白色有機 EL パネル

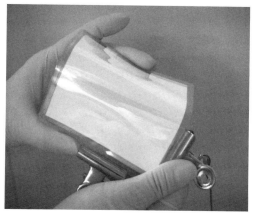

パネルサイズ：100×100 mm
発光エリア：88×88 mm
厚さ：0.3 mm
重量：約5 g
発光色：R,G,B,W
有機EL素子：タンデム2段構造
フィルム基板：バリアフィルム

図 1.2.1　試作したフレキシブル有機 EL 照明パネル
（山形大学有機エレクトロニクスイノベーションセンター）

（左）ガラスパネル：32 g
（右）フレキシブルパネル：4 g

図 1.2.2　試作した 100 mm 角パネル

27

なり軽量化を図ることが可能であり、将来には、紙やサランラップのようなフレキシブルパネルの達成も不可能ではない。

このような照明パネルは他の技術、例えばLEDで達成することはできないであろうか？

その答としては「現時点ではほぼ不可能である」と言わざるをえない。LEDは一点が非常に明るく光る点光源であるが、導光板などを用いることで有機ELと同様の面光源とすることが可能である。例えば、液晶ディスプレイのバックライトなどに用いられている導光板は樹脂でできているため可撓性があるが、実際には曲げることで導光板内の光の進み方が変化するため、発光の明るさや色にムラが発生する。さらに有機ELの面光源として素晴らしい点は、面全体で発光をしているため、面全体で放熱が可能でありヒートシンクなどの重い部材を用いる必要がない。しかしながらLEDでは点光源である上に、低コスト化から1チップでの輝度を向上させているため、局所的に大きな発熱を伴い放熱部材が必要である。これら放熱部材は一般的には固く重い部材であることから、紙やサランラップのようにはなりえない。これは他の光源、例えば電球や蛍光灯でも同様に達成不可能である。したがって有機EL照明がもっている他の照明との違いはフレキシブル化である。

では、フレキシブル化には、どんなインパクトがあるのであろうか？

例えば、コニカミノルタが提案している有機EL照明パネルの使用方法を紹介する（**図1.2.3**）。自動車や飛行機などの移動手段においては、設置場所や重量が非常に重要である。非常に薄く軽量なフレキシブル有機EL照明は、設置の自由度を高めるだけでなく、軽量であるため燃費向上に役立つ。さらに室内の照明空間を一新することが可能である。また巻取りが可能であることから、カーテンやブラインドを照明とすることが可能である。通常、窓は室内への採光をもとに設計されていることが多いため、窓部から明かりが灯るのは非常に自然な光の演出であると推測される。

さらに有機ELパネルが紙のようになれば、壁紙のように使用することが可能である。このインパクトは非常に大きいと想像する。壁や天井は建物の中で

図 1.2.3　コニカミノルタ㈱が提案するフレキシブル有機 EL パネルの使用例
〔提供：コニカミノルタ(株)〕

有効に利用されていない最たる部分である。壁紙のような有機EL照明が当たり前の世界になれば、照明空間は大きく変化し、そこに暮らす人々の精神衛生にも大きく寄与すると考えられる。有機EL素子が究極の照明であると言われる所以はここにあるが、その達成にはまだまだ課題も多い。

## 1.2.2　フレキシブル有機ELパネルの課題

　有機EL素子は、透明電極と多層の有機薄膜、そして金属反射陰極からなるシンプルな構成であるが、この素子を支持するための基板が必要であり、さらに有機薄膜の有機化合物の劣化、金属反射陰極の酸化を防ぐために、封止構造が設けられている。

　可撓性のないガラス基板を用いた場合の典型的な有機EL素子の構造を図1.2.4に示す。この中で有機ELを形成している有機層（例えば、ホール輸送層、発光層、電子輸送層）は、なんら工夫をする必要なくフレキシビリティを有している。有機層は低分子化合物もしくは高分子化合物が用いられるが、どちらの場合においても膜質は規則性のないアモルファスな膜であり、また非常に薄い極薄膜であるためである。近年、分子配向性によるデバイス性能の向上が報

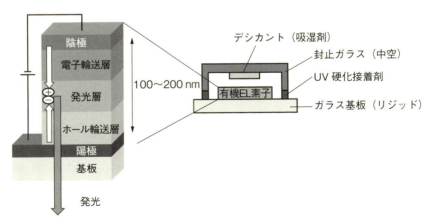

図1.2.4　ガラス基板を用いた有機ELパネルの封止構成

告されているが、通常の X 線回折では検出されない程度であり単結晶ほどの規則性はない。それに対して LED を構成する無機膜は無機結晶膜であり、膜厚も厚い。したがって無機機能層自身、可撓性を有していない（曲げることで結晶が割れる）。

　上記のことから、容易にフレキシブル化を達成できるように感じるが、実際には課題が多い。その理由は、①水分・酸素に弱い、②有機 EL 薄膜は物理的に脆く傷がつきやすい、の 2 点である。

　①「水分・酸素に弱い」に関して、特に水分にセンシティブであることが知られている。電子輸送層／電子注入層／陰極界面は、効率的な電子注入を行う上で重要な界面であるが、非常に活性であるため、水分による酸化を伴いやすい。例えば、封止構造がない有機 EL 素子を室温大気中（20 ℃、湿度 50 %）に放置した発光画像を図 1.2.5 に示す。本パネルの基板サイズは 50 mm 角（発光エリア 33 mm 角）であるが、目視が可能な非発光領域（ダークスポット：DS）が観察される。これを防ぐために内側にデシカント（吸湿剤）を保持した封止ガラスにて封止を行う。接着剤には UV 硬化型エポキシ接着剤を用いることが多いが、エポキシ樹脂そのものも水分透過率を有していることから、内部にデシカントは必須となる。

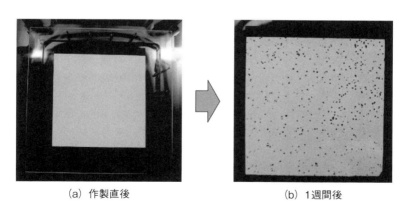

(a) 作製直後　　　　　　　　(b) 1 週間後

図 1.2.5　封止構造がない有機 EL の保存性
　　　　（室温、大気下に放置；パネルサイズ 5cm 角）

フレキシブル化を達成する上で、重要な部材として水分透過率が非常に小さい（もしくは透過しない）可撓性基板が必要である。通常の樹脂フィルムでは水分透過率が大きく用いることができない。

　②「有機EL薄膜は物理的に脆く傷がつきやすい」に関しては、有機ELの有機薄膜や陰極電極は、蒸着もしくは塗布で成膜されるが、特に基板との化学結合が存在するものではないため、機械的強度が弱い。例えば、爪でこすれば有機薄膜が削り取られる程度である。特に有機層／陰極電極界面は電気的には接合しているが、機械強度としては非常に弱い密着性である。この欠点を回避するためにガラス基板における素子においては中空の封止ガラスを用い、有機EL素子部に直接触れることがないように工夫されている。デシカントに関しても同様で、素子部に触れぬよう封止ガラスに貼り付ける。

　フレキシブルなパネルを達成する場合、同様の構造を用いることができない。中空構造では曲げた時に、素子基板と封止基板が触れることで有機EL素子部にダメージを与え、非発光部分が発生する。中空構造を用いず素子基板と封止基板を密着させた場合にも、同様の理由で不可である。したがって、フレキシブル化を達成するには新しい封止構造が必要である。

　その他、透明電極として用いられるITO（Indium-Tin-Oxide）電極も問題になることが多い。ITO電極は無機酸化物であるため、フレキシビリティを有していない。しかしながら非常に極薄膜（100～200 nm程度）であるため、曲げ耐性を有している。折り曲げるようなことはできないが、カーブをもたせて曲げることは可能である。したがってITO透明電極を用いてもフレキシブルなパネルを作製することは可能であるが、究極のフレキシブルパネルの達成に向けては新しい透明電極が必要である。またインジウムはレアメタルであるため、資源の面からも新しい透明電極が求められている。現在、その候補として、導電性高分子（＋グリッド電極）、銀などの金属ワイヤ、カーボンナノチューブ（CNT）などによる印刷型の透明電極の研究開発がなされている。

## 1.2.3 可撓性基板

　フレキシブル有機 EL パネルを達成するための可撓性基板（特に素子基板）の要求性能として、大きく4つ挙げられる。①水分透過率、②平坦性、③耐熱性、④光透過率、の4つである。これらは、フレキシブル有機 EL パネル構造によるため全てが必要でないこともあるが、重要な要求性能である。

　① 水分透過率

　前述した通り、有機 EL 素子は水分によりダークスポットを形成するため、極力水分透過率を下げる必要がある。必要な水分透過率の物性値は、一般的には $10^{-5}$ g/m²/day 以下が必要であると言われているが、フレキシブル有機 EL パネルの使用方法や商品形態に依存する上に、デシカントを内包できるか否かにも依存する。仮に商品寿命が短く、デシカントを内包できる場合には、$10^{-5}$ g/m²/day 以上の水分透過率でも商品化が可能な場合もあると考えられる。LED と同様の保存性が必要である場合には、やはり $10^{-5}$ g/m²/day 以下の水分透過率に押さえる必要性があろう。

　② 平坦性

　有機 EL 素子は2枚の電極に非常に薄い有機薄膜が挟み込まれた構造をとっている。特筆すべきは有機薄膜の薄さであるが、100〜200 nm 程度の極薄膜である。したがって平坦性が悪い場合には、2つの電極が直接接触するため電流リークを起こし、有機薄膜に電圧を印加して電流を流すことができない。一般的に用いられるガラス基板上の ITO の平坦性は Ra 1 nm 以下と非常に平坦性が高い。

　③ 耐熱性

　基板に求められる耐熱性は有機 EL パネルの構造や作製プロセスに依存する。有機 EL 照明における加熱プロセスとして考えられるのは、ITO 成膜工程および絶縁膜による ITO エッジカバー部の工程などがある。低抵抗な ITO 電極を得たい場合には ITO の結晶性を上げる必要があり、成膜時および成膜後にベーキング工程が必要である。補助配線などを用いることが可能な場合には、ITO 電極自身の抵抗は高くても良いため、高温工程は必要としない。また、

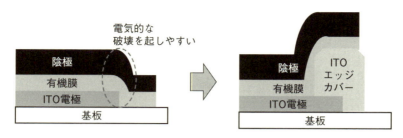

図 1.2.6　ITO エッジカバーによる ITO 端面の不具合低減

広い発光エリアを有する有機 EL 照明パネルを作製する場合に ITO エッジカバー部を導入することが多い（**図 1.2.6**）。これはフォトリソ工程でパターニングされた ITO の断面は急峻であるため、ITO 端面における故障（電流リーク）を防ぐためである。ITO エッジカバーは通常、フォトリソ工程により作製され、絶縁膜の加熱工程に高温（通常 200℃以上）を必要とするため、エッジカバーを導入する際には高い耐熱性を必要とする。これらの問題は ITO 代替の電極や電極の端面形状を改良することで回避することが可能であると考えられる。しかしながら、例えば印刷型の透明電極を用いる場合でも一般的には加熱工程が必要であることがほとんどであるため、耐熱性は高いほうが良い。また、ディスプレイ用途では大きな問題である基板の線膨張係数であるが、有機 EL 照明においては微細なパターニングが必要でないことが多いため、大きな問題にならないことが多い。

④　光透過率

有機 EL は光を発光するデバイスであるため、素子基板側もしくは封止基板側のどちらかの基板は透明である必要がある。光の取り出す方向により、有機 EL 素子は 2 つのタイプに分けることが可能である。ボトムエミッションタイプとトップエミッションタイプである（**図 1.2.7**）。ボトムエミッションタイプは素子基板側が透明である必要があるが、トップエミッションタイプは封止基板側が透明であれば、素子基板側は透明である必要性はない。

これらの要求に応える可撓性基板として、バリアフィルム、超薄型ガラス（UTG：Ultra-Thin Glass）、メタルフォイルが挙げられる。

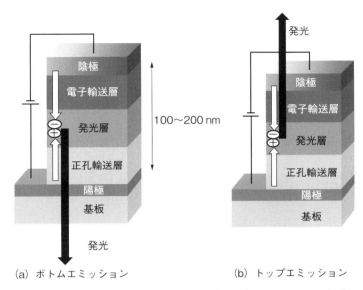

(a) ボトムエミッション　　　(b) トップエミッション

図 1.2.7　光の取り出し方向による有機 EL 素子の 2 つのタイプ

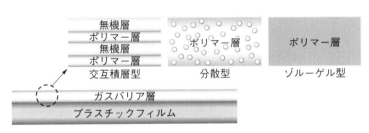

図 1.2.8　富士フイルムにおけるバリアフィルム構造

　バリアフィルムは、PET（ポリエチレンテレフタレート）、PEN（ポリエチレンナフタレート）、PC（ポリカーボネート）などの樹脂フィルム上に無機薄膜の多層膜により水蒸気バリア層を有したフィルムである（**図 1.2.8**）。$10^{-5}$ g/$m^2$/day 以下の性能を達成するためにバリア層は多層構造を有している。バリア性能はすでに達成されつつあり、低コスト化が課題である。メリットとしては、ハンドリングやアンブレイカブル（割れない）、軽量などがある。通常のフィルムと同じように使用できることから、生産工程においてもロール to ロ

ール適正が高い。また、割れることがないことから、安全性が高くユーザーメリットも大きい。さらに他の候補基材の中で最も密度が低いことから軽く超薄型も可能である。

超薄膜ガラスは、厚さが 150 μm 程度以下のガラスであり、その薄さにより曲げることが可能である。メリットは、材質がガラスであるため耐熱性が高く、平坦性も良い上に、水蒸気透過率は非常に低い。また、ガラスそのものの耐久性も良いことから屋外への使用も可能である。課題としては、ガラスであることから割れる可能性のあることが挙げられる。製造プロセスでのハンドリングだけでなく、商品としても割れへの対応が必須である。ガラスそのものの改良や割れ防止フィルムとの複合材料などが開発されている。

メタルフォイルは、金属泊であるためそれ自身は光透過率を有さない。したがって使用方法としては、ボトムエミッションにおける封止基板、もしくはトップエミッションにおける素子基板となる。メタルフォイルにおいても水分透過率や耐熱性に関しては十分な性能を有している。また、金属箔であるため割れることがない。デメリットとしては上記2つの基材に対して平坦性が低いことが挙げられるが、平坦化膜併用などの開発がなされている。

## 1.2.4　フレキシブル封止構造

スマートフォンにおいてフレキシブル（ベンディング）有機 EL ディスプレイが LG、サムスンにより達成されている。

LG が SID2014 にて発表しているフレキシブル封止構造を図 1.2.9 に示す。

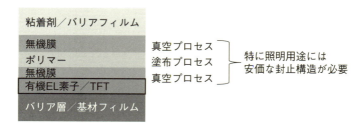

図 1.2.9　LG によるフレキシブル封止構造

その構造はバリアフィルムと酷似している。すなわち、無機膜とポリマーの積層構造により水分の侵入を遮断している。積層構造を必要とする理由は、1層の無機膜だけではピンホールや構造的な段差などによる無機膜の欠陥により水分が侵入するからであり、ポリマーにより無機膜上を平坦化、さらには内部に発生する応力を緩和し、さらに無機膜をポリマー上に形成することで二重の封止構造を設けている。このような構造は一般的に膜封止構造と呼ばれる。

　膜封止構造はデシカントも必要とせず、理想的な構造の一つであると考えられるが、その大きな問題点は製造プロセスである。水蒸気バリア性を有する緻密な無機膜は一般的に真空プロセスにて成膜される。しかしながら、ポリマー層は大気による塗布プロセスが一般的である。したがって、無機層→ポリマー層→無機層を達成するには、真空→大気圧→真空プロセスとなる。これは製造プロセスが複雑になり、コストアップの要因となる。ディスプレイ用途としては、面積当たりのコストがある程度高くても良いため採用可能なプロセスと思われるが、照明用途として特に蛍光灯と同様の価格を達成することを考えると非常に採用が難しいプロセスであると言える。

　さらに、環境の圧力差が大きく変化する際に、周辺のパーティクルが基板上に付着する可能性もある。例えば、真空から大気圧に大気開放する際に真空チャンバー内のパーティクルが基板に付着することで、その上に成膜するポリマー層、無機層の欠陥となりやすく、歩留まりが低下し価格の上がる要因となる。

　これらを解決するには、低コスト化可能な新しいフレキシブル封止構造が望まれる。

　現在、山形大学有機エレクトロニクスイノベーションセンターでは、安価な有機ELのフレキシブル構造を目指し研究を進めている。その一例をここで紹介する（図 1.2.10）。

　その構造はいたってシンプルである。ガラス基板で用いている中空封止を模した構造であり、中空部分に相当する内部に吸湿剤を分散した高粘性液体（フィル材）を配置し、周囲をUV硬化接着剤で囲い込む（ダム）構造であり、ダム―フィル構造と呼ばれている構造である。2枚の基板（素子基板、封止基板）

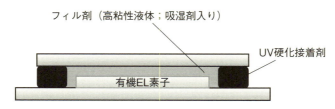

図 1.2.10 山形大学が取り組んでいるフレキシブルパネル封止構造
（大気圧プロセス）の研究例

はバリアフィルムを用いているが、高粘性液体を内部に保持しているため 2 枚の基板が接触することはなく、有機 EL 素子にダメージを与えにくい。ただし、フィル剤である高粘性液体は何でも良いわけではなく、有機 EL 素子に影響を与えない脱水された不活性液体を用いる必要がある。

本デバイスは真空プロセスにて作製しているものであるが、将来的には塗布型有機 EL パネルを使用する予定である。真空プロセスにて作製された有機 EL パネルを大気に開放することなく、窒素に置換されたグローブボックス（水分・酸素＜1 ppm）へ移し、ダム－フィル構造により封止を行う（図 1.2.11）。

ダム－フィル構造の作製方法であるが、グローブボックス内で脱水および脱水剤と分散したフィル剤をスクリーン印刷により封止基材へ印刷する。その後、フィル剤の周りを囲むようにディスペンサにて UV 硬化樹脂をディスペンスする。有機 EL 素子が作製された素子基板とダム－フィルが印刷された封止基板

図 1.2.11 フレキシブル有機 EL パネルの製造工程

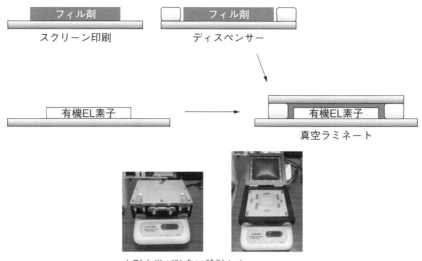

図 1.2.12　グローブボックス内のプロセス

を真空ラミネータにて貼り合わせ、高圧水銀灯（UV）にて UV 硬化樹脂を硬化することで完成する（**図 1.2.12**）。この時、スクリーン印刷によるフィル剤の厚さ、ディスペンサによる UV 硬化樹脂の吐出量、真空ラミネータの押し圧などがパネルの歩留まりに重要であることは言うまでもない。

　このように簡易的な工程にて封止可能なダム-フィル構造であるが、まだ課題も多い。一つは、その保存性である。通常の環境（20℃、湿度 50％）で 6 カ月程度の保存性である。その理由は解析の結果から、UV 硬化樹脂とバリアフィルムの界面からの水分侵入であると推測している。別途、バリアフィルム単体の水分透過率の影響を確認しているが、非常に低い水分透過率であることがわかっている。バリアフィルムと UV 硬化樹脂の密着性の確認のためにピール試験を行うと、簡単に剥がれてしまう。UV 硬化樹脂とバリアフィルムの密着性向上が必要であり、現在さらなる改善を進めている。

　山形大学有機エレクトロニクスイノベーションセンターでは、ランテクニカ

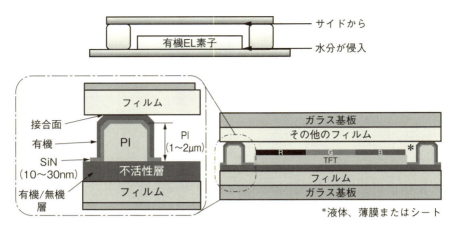

**図 1.2.13　常温接合による封止技術**

ルサービス(株)との共同研究にて、(独)新エネルギー・産業技術総合開発機構(NEDO)の支援を受け(イノベーション実用化ベンチャー支援事業 2013、2014 年)、常温接合による封止技術の研究を進めている(**図 1.2.13**)。この方式では UV 硬化樹脂を用いることはない。SiN 膜同士を密着させると分子レベルで密着することを利用してダム部分での接合が可能である。

もう一点の課題は、曲げに対する耐久性が必ずしも高くない点である。これは UV 硬化樹脂が剥がれることも関係しているが、それだけではない。高粘性液体を封入しているが、大きく屈曲した場合には、2 枚の基板が高粘性液体があるにも関わらず接触してしまう。これに関しても現在改良を進めており、内部の高粘性液体をゲル状にすることで問題を解決しつつある。

紹介した封止構造が必ずしも最適であるとは考えていないが、いずれにしても将来、フレキシブル有機 EL 照明に対して新しい非常に安価な封止構造が必要であると思われる。これにはもちろん、水分に安定な有機 EL 素子自身の開発も含まれる。また、このような取り組みは有機 EL 照明だけでなく有機 EL ディスプレイの発展にも非常に重要な技術であり、今後の開発が期待される。

## 1.2.5 フレキシブル有機 EL の応用例

山形大学有機エレクトロニクスイノベーションセンターにおけるフレキシブル有機 EL パネルの応用事例を紹介する。さくらんぼを模したイルミネーションである。これは、寒河江市技術振興協会、三橋幸次・東北芸術工科大学教授、山形大学有機エレクトロニクスイノベーションセンターの三者による取り組みである。

寒河江市はさくらんぼの産地として全国的に有名であるが、その「さくらんぼ」をデザインしたイルミネーションである（図 1.2.14）。このさくらんぼイルミネーションの特徴は、さくらんぼ状の赤色フレキシブル有機 EL 素子が気流によりなびくことで、枝部に配置した曲げセンサーの曲げ量に応じ有機 EL の明るさ（輝度）が変化するものである。電気回路を含めたこの機構を山形大

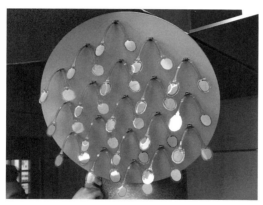

枝部に配置した曲げセンサーにより
揺れ幅をセンシングし
有機 EL パネルの明るさ（輝度）を調光する

図 1.2.14 さくらんぼイルミネーション

学にて開発を行い、イルミネーション全体を三橋幸次教授がデザインした。このようなイルミネーションは、ガラス基板による有機 EL パネルでは達成困難である。ガラス自身が重い上に割れる恐れがあるからである。これはコンセプトデザインであり、すぐに商品化できるものではないが、このような気流（もしくは水流）により明るさなどが変化するイルミネーションは応用商品として十分に可能性があると考えている。

　フレキシブル有機 EL は、単に曲げられるだけでなく非常に多くの市場を開拓できる可能性のある魅力のある技術である。フレキシブル有機 EL は、既存の LED が置き換えている電球や蛍光灯など既存の使用方法だけでなく、照明やイルミネーションなどにおいて新しい使用方法を提案し、暮らしや働きの中で新しい価値と感動を与えられる優れた潜在能力をもつ技術である。

# 第2章

# 有機EL材料

## 2.1 蒸着型有機EL材料

### 2.1.1 有機ELに用いられる有機物の特徴

　身近な有機物、例えばプラスチックは電気を流さない絶縁物である。スーパーなどで使用されるポリ袋の原料はポリエチレン、アクリル水槽は有機ガラスと呼ばれるポリメタクリル酸メチル（PMMA）でできているが、電気は流さない。

　それに対して有機ELに使われる材料は、一般的なプラスチックとは異なるベンゼン環から構成される芳香族化合物から出来ている（図2.1.1）。芳香族化合物には、π電子と呼ばれる比較的自由に動き回れる電子が炭素-炭素二重結合上にある。このπ電子が有機物の間を一電子の酸化還元反応を伴いホッピン

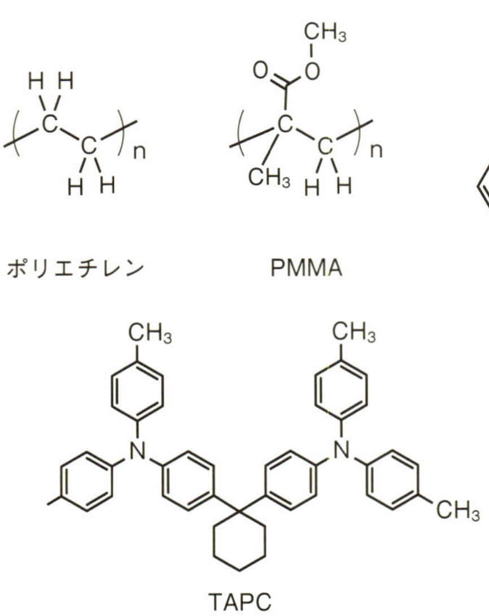

図2.1.1　有機材料の化学構造

グすることによって電気が流れる。

## 2.1.2 低分子蒸着型有機EL素子の誕生

それでは、芳香族化合物で薄膜を作ってやり電極で挟むと簡単に光るのかといえば、そう簡単ではない。芳香族化合物も有機物であるため電気抵抗が大きく、金属のように電気を流すことはできない。ではどうするか？ 抵抗を下げるために極限まで薄くすればよいのである。

1987年にコダックのC. W. Tangらは、このアイデアに基づき100 nm程度の極めて薄い超薄膜を作ることで有機物に強制的に電荷を注入させ、この問題を解決した。Tangらは、わずか10 Vの電圧で1,000 cd/m$^2$の高輝度を得ることに成功している（図2.1.2）。

ここで使われた100 nmの薄さとは、[60]フラーレンを100個縦に並べた厚み、髪の毛の1000分の1の厚みである。小さな塵やホコリが少しでもあるとショートしてしまう厚さで、極めてクリーンな環境を準備しなければ有機EL素子は作ることができない。このとき使用した有機材料は、アルミニウム錯体のAlq$_3$と芳香族アミン誘導体のTAPCである。これらの材料はピンホー

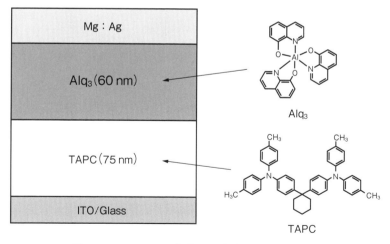

図2.1.2　Tangらが報告した有機EL素子の構造

ルのない超薄膜を形成する特徴がある。ピンホールがある状態で金属を付けると、金属がその穴に入ってしまいショートしてしまい、有機 EL が光らなくなる。Tang 以前の研究では良い有機材料がなく、厚い有機膜を付けていたため、電圧を数十、数百 V かけてわずかに光る状態だった。

### 2.1.3　真空蒸着法と低分子材料の分子量

　低分子系材料の薄膜は真空中で有機物を加熱して昇華させる真空蒸着法で作る。有機材料をセラミック製のボートの中に入れ、チャンバー内を真空にした後、ヒーターで加熱して昇華させ、有機材料をガラス基板上に堆積させるという仕組みである（図 2.1.3）。これによりピンホールのない超薄膜を形成させる。ガラス基板上に均一に製膜するため、基板を回転させながら製膜する場合もある。

ガラスチャンバー

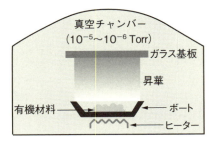

図 2.1.3　真空蒸着の仕組み

真空中であっても有機物の分子量（MW）が大きすぎれば、昇華させるために高い温度が必要になる。一般的な有機 EL に用いられる有機物の分解温度は 450 ℃程度であるため、これ以上の高い温度をかけると有機物の化学結合が切れて熱分解してしまう。そのため、真空蒸着に用いられる有機物の分子量は、化学構造にもよるが 1000 程度が上限である。大きすぎる分子は真空蒸着法では用いることができず、溶液塗布法など別の成膜方法を利用する必要がある。分子量 1000 はベンゼン（分子量 78）に換算すると 13 枚程度であり、新規材料を開発する場合、この自由度の中で材料設計をする必要がある（図 2.1.4）。

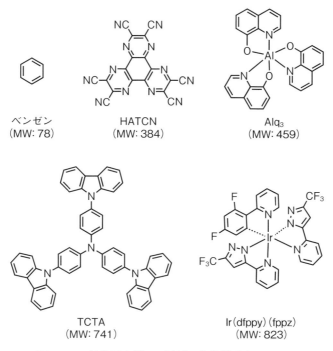

図 2.1.4　低分子有機 EL 材料の化学構造と分子量

## 2.1.4　有機 EL の発光の仕組み

　有機 EL 素子に電圧をかけると、陽極からホール（正孔）が陰極から電子がホッピングしながら対向電極に向かって移動して行く。ホールと電子が発光材料上で結合すると再結合が起こる。この再結合により、発光材料の電子状態が基底状態から励起状態へと活性化される。励起状態から基底状態に電子が遷移するとき、光が放出される（図 2.1.5）。

　したがって、素子の構造を工夫することによって発光層内での再結合の確率を上げることが有機 EL 素子の効率向上につながる。

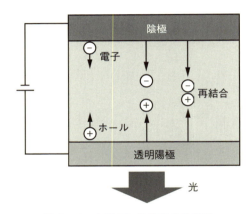

図 2.1.5　有機 EL の発光の仕組み

## 2.1.5　蛍光発光とリン光発光

　有機材料を研究開発する材料化学者にとって、自分が設計・合成した新規材料を使った有機 EL 素子がきれいに光る瞬間ほど嬉しいことはない。しかし、単に光るだけで低い効率では、研究対象として面白くても実用的な光源としては全く使い物にならない。限りあるエネルギーを最大限有効活用するためには、電気エネルギーを光エネルギーに変える効率を 100 % 近くまで高める必要がある。

　有機 EL 素子でエネルギー変換効率を決める要因の一つは発光材料である。発光過程には 2 種類あり、励起一重項からの発光を「蛍光」、励起三重項から

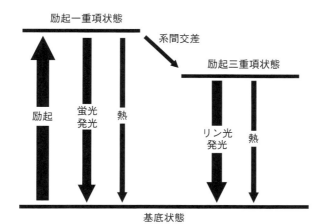

図 2.1.6　基底状態と励起状態

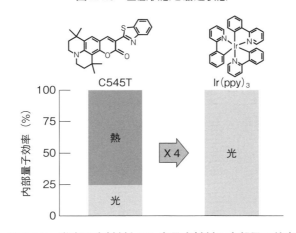

図 2.1.7　蛍光発光材料とリン光発光材料の内部量子効率

の発光を「リン光」という（図 2.1.6）。

　電気エネルギーで有機材料を励起した場合、25 % の励起子が励起一重項、残りの 75 % が励起三重項へ振り分けられる。したがって、C545T などの蛍光材料を用いた場合、通常、25 % の励起子のみしか使えず、75 % の励起子は熱として失活してしまう（図 2.1.7）。

　一般的に炭素（C）、水素（H）、酸素（O）、窒素（N）からなる有機化合物

は常温でリン光発光を示すことはなく、液体窒素下などの極低温下でのみ熱失活過程が抑制され、リン光発光が見られる。しかし、イリジウム（Ir）、オスミウム（Os）、白金（Pt）などの重原子を含む一部の有機金属錯体には、常温で強いリン光発光を示すものがある。これらを発光材料に用いた有機EL素子は、25％の励起一重項を系間交際により励起三重項へ転換し、全ての励起子を光子に変換できる。すなわち、蛍光材料の4倍の効率を実現できるのである。その代表例がプリンストン大学のS. R. Forrestと南カルフォルニア大学のM. E. Thompsonらが有機ELの発光材料に使用したフェニルピリジン配位子をもつイリジウム錯体Ir（ppy）$_3$である。

### 2.1.6 ゲスト材料とホスト材料

常温リン光発光材料を用いれば蛍光材料の4倍の効率を実現できるが、発光材料だけ変更すればいいわけではない。発光層は、①それ自身は発光能力は低いが、成膜性が高く発光能力の高い他のものを混合して用いるホスト材料、②それ自身は発光能力が高いが単独では製膜できないゲスト材料、の2つがある（図2.1.8）。

蛍光材料でホスト材料の代表例がアルミニウム錯体（Alq$_3$）で、リン光材料でホスト材料の代表例がカルバゾール誘導体（CBP）である。緑色発光を示す

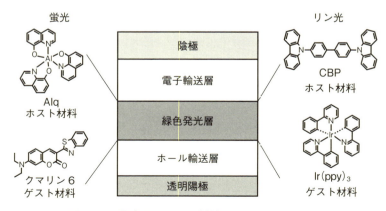

図2.1.8　発光層のホスト材料とゲスト材料の違い

蛍光ゲスト材料の例としてはクマリン 6、リン光材料としてはイリジウム錯体〔Ir(ppy)$_3$〕がある。

　ゲスト材料は別の発光材料（ホスト材料）に微量混合して使うためドーパントと呼び、このような手法を色素ドーピングという。一般的には数％のゲスト材料をホスト材料に加えることにより発光効率を飛躍的に高めることができる。

　発光はゲスト材料から得られるが、発光機構には二つのメカニズムがある。一つ目は、電子とホールの再結合がホスト材料上で起こりホスト材料が励起状態になり、その励起エネルギーがゲスト材料に移動してゲスト材料が励起、発光する機構で、エネルギー移動機構と呼ぶ。二つ目は、電子とホールがゲスト材料上で再結合し、直接ゲスト材料が励起され発光する機構で、直接再結合励起と呼ぶ。

　どちらの機構でも、ホスト材料の励起エネルギーレベルがゲスト材料の励起エネルギーレベルよりも高いことが、発光能力の高いゲスト材料から発光させるための条件である。なぜなら、ゲスト材料の励起エネルギーがホスト材料より高い場合、発光能力の高いゲスト材料からの発光が得られず、エネルギーがホスト材料へ移動、発光能力が低いホスト材料からエネルギーが熱として放出されてしまうからである（図 2.1.9）。

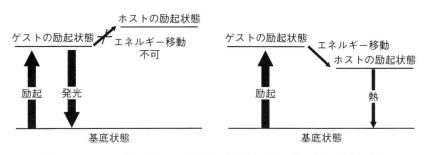

図 2.1.9　ホスト材料とゲスト材料の励起エネルギーと発光の関係

### 2.1.7　リン光ホスト材料の励起三重項エネルギー

　蛍光材料とリン光材料で使われるホスト材料は異なるが、それは発光に利用する励起状態が蛍光とリン光で異なるためである。

　一般的な有機材料では、励起三重項エネルギーは一重項エネルギーよりも0.5～1.0 eV低い。このため、Alq$_3$は蛍光の緑色発光材料のホスト材料として利用できても、緑色リン光ホスト材料としては三重項エネルギーが低く、利用できない。

　リン光発光材料を利用する場合は、蛍光ホスト材料と比べて大きな励起エネルギーをもつワイドエネルギーギャップ材料を使う必要がある。例えば、515 nm付近に発光ピークをもつ（三重項エネルギーは2.4 eV）緑色リン光発光材料 Ir(ppy)$_3$ のホスト材料としては、一重項エネルギーが2.9～3.4 eVの材料を探索する必要がある。CBPの一重項エネルギーは約3.4 eVであり、三重

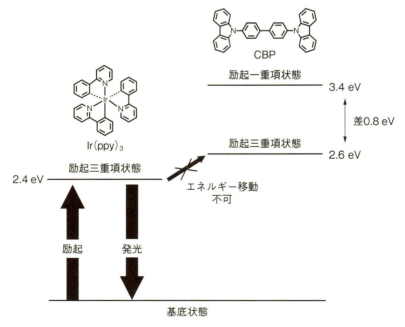

図 2.1.10　緑色リン光ゲスト材料とホスト材料の励起エネルギー

項エネルギーは約 2.6 eV である（図 2.1.10）。

三重項エネルギーは結合の様式によって大きく変わるが、共役長を短くすることで高めることができる。ベンゼンを連結した場合の例を紹介する（図 2.1.11）。

ベンゼンの三重項エネルギーは 3.65 eV である。2 つ連結したビフェニルは 2.84 eV となり、$E_T$ が 0.81 eV も低下してしまう。ベンゼン環 3 枚を直線で連結した p-ターフェニルの $E_T$ は 2.55 eV であり、緑色リン光発光材料では使用可能である。一方、m-ターフェニルは 2.81 eV であることから、ビフェニルとほとんど変わらない $E_T$ をもつ。したがって、ベンゼンを連結して高い ET を実現するにはメタ結合を利用する必要がある。

励起三重項エネルギーを向上させる他の方法としては共役の切断がある。例えば、捻れを導入したクオーターフェニレン骨格、ケイ素（Si）で共役を切断するテトラフェニルシラン、トリフェニルホスフィンオキシド、トリフェニル

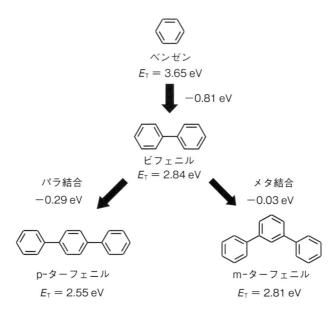

図 2.1.11 ベンゼン環の結合様式と三重項エネルギーの関係

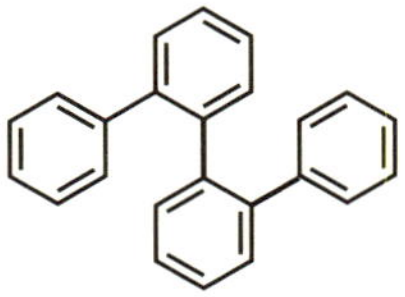

クオーターフェニレン

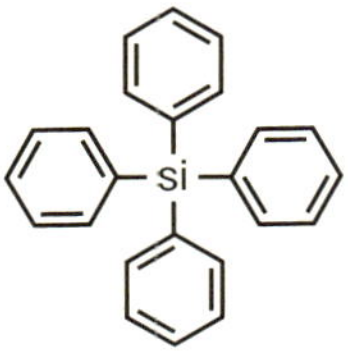

テトラフェニルシラン

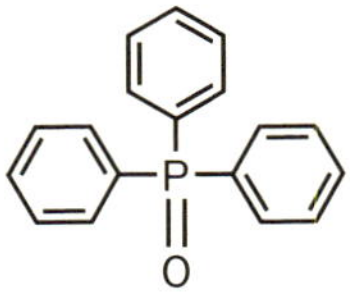

ホスフィンオキシド

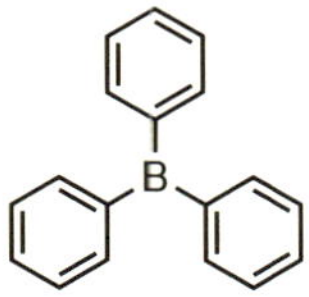

トリフェニルボラン

**図 2.1.12　共役の切断に用いられる化学構造の例**

ボランの導入が検討されている（**図 2.1.12**）。

## 2.1.8　機能分離積層型素子構造

低分子材料を用いた真空蒸着法では、有機材料の特性に合わせて役割分担させた機能分離積層構造が作りやすい（**図 2.1.13**）。すなわち、有機材料に得意な機能を発現させて高性能化させることができる。有機 EL では陽極からホール、陰極から電子が注入されるため、高性能化のためには電荷を発光層へ効率よく運ぶホール輸送層と電子輸送層が必要になる。

運ばれた電荷は、電子物性の異なるホール輸送層／発光層、あるいは電子輸送層／発光層の界面近傍に蓄積され、ホールと電子の再結合は界面近傍で起こる。そのため、界面近傍でのエネルギー移動によるロスを防ぐためにホール輸送層と電子輸送層にも高い $E_T$ の実現が必要となる。三重項励起子を用いるリン光有機ELでは、発光層に隣接する材料全てに高い $E_T$ が求められるのである。

照明用途を考えると白色光の実現が必要である。白色を紡ぎ出す三原色の中では青色が最も高いエネルギーをもつため、高性能な白色素子の実現には高性能な青色リン光素子と周辺材料の開発が必要となる。青色リン光素子用材料の開発は有機 EL で最もホットな研究課題の一つである。

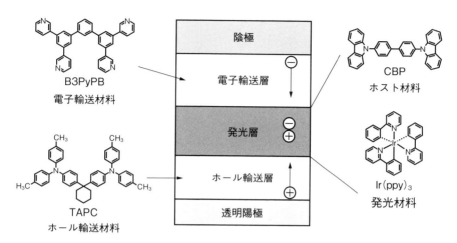

図 2.1.13　機能分離積層構造の例

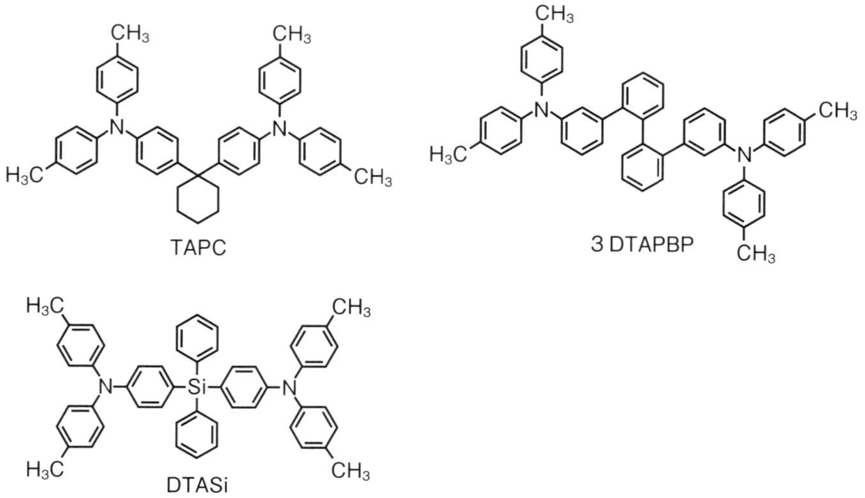

図 2.1.14　ワイドエネルギーギャップホール輸送材料

　ホール輸送材料はπ電子を1つ隣の分子に供与する自身が酸化されやすい性質をもつ必要がある。一般的に電子供与性のアリールアミン系材料が用いられる。高い三重項エネルギーを実現するために、共役の切断、ねじれた構造が導入されている（**図 2.1.14**）。

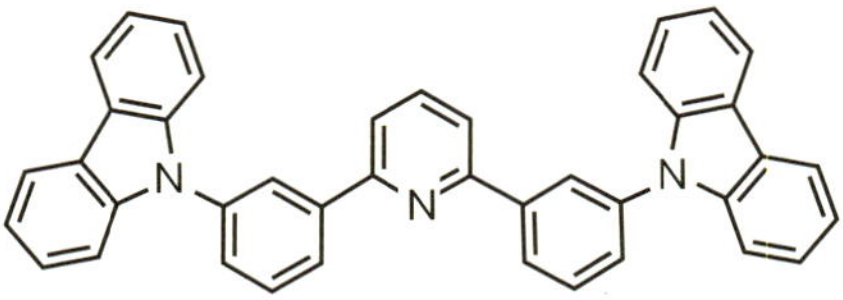

26 DCzPPy

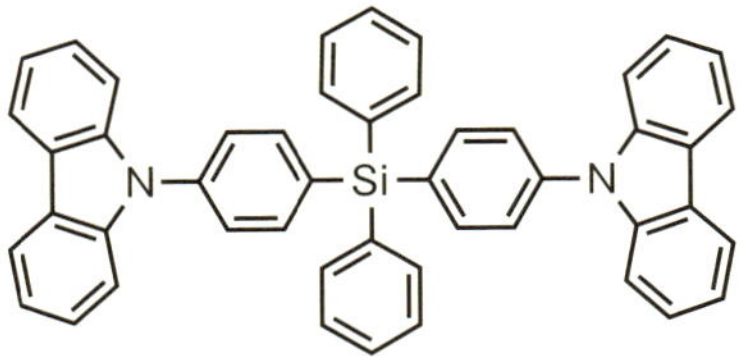

CzSi

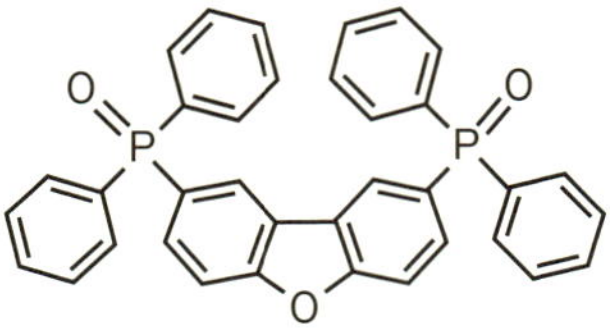

DBFPO

図 2.1.15 ワイドエネルギーギャップホスト材料

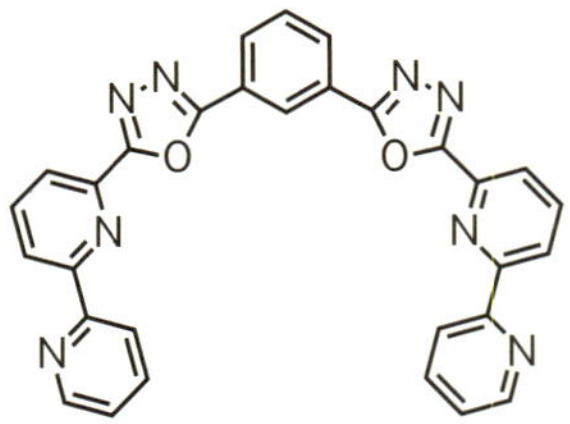

Bpy-OXD

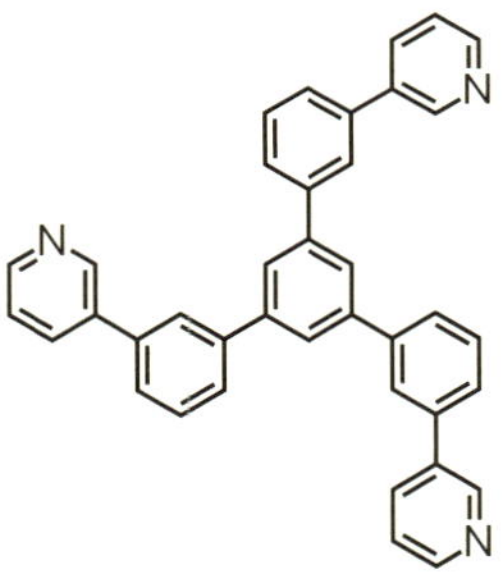

Tm3PyPB

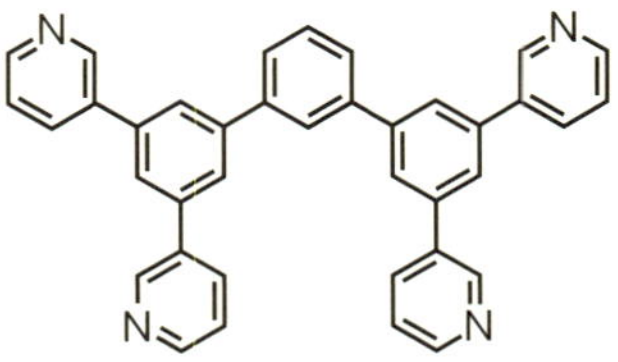

B3PyPB

図 2.1.16 ワイドエネルギーギャップ電子輸送材料

発光材料は低濃度の場合に高い発光効率を示すため、ホストに分散して用いられる。また、発光層の成膜性を向上させる役割もある。ホスト材料の電子物性は、発光層内のホールと電子のバランスを決定する要因になる。カルバゾール誘導体、シリコン誘導体、ホスフィンオキシド誘導体などが知られている（図 2.1.15）。

電子輸送材料の開発は、ホール輸送材料に比べて遅れている。電子輸送材料は電子を受け取り還元される必要があることから、電子不足な芳香環が用いられる。オキサジアゾール誘導体、フェニルピリジン誘導体などが知られている（図 2.1.16）。

### 2.1.9 高効率リン光青色素子と白色有機 EL 素子

これまで紹介してきた素子構造と材料の集大成として、ワイドギャップ材料を用いた青色リン光デバイスと白色リン光デバイスの例を紹介する。

2008 年に山形大学の城戸らは、電子輸送材料 B3PyPB と一般的な青色リン光青色発光材料の FIrpic を用いた高効率青色有機 EL 素子を開発した。FIrpic を分散するホスト材料には、ホール注入を促進するアリールアミン系材料 TCTA と、電子注入性を促進するピリジンを有する DCzPPy を用いた。その結果、1000 cd/$m^2$ で 46 lm/W の電力効率を実現した。

このデバイスを基本とし、FIrpic と補色の関係にあるオレンジ色リン光発光材料 $PQ_2Ir$ を発光層の中央に極薄膜で挿入してやることにより、1,000 cd/$m^2$ で 44 lm/W を実現する世界最高水準の電力効率を示す白色有機 EL 素子を開発した。（図 2.1.17、図 2.1.18）。このデバイスでは通常のガラス基板を用いているが、光取り出し技術を施すことにより、100 lm/W を超える電力効率を実現することができる。

### 2.1.10 低電圧リン光有機 EL 素子

近年の材料の飛躍的な性能向上に伴って、2007 年には山形大学の城戸らによって緑色リン光有機 EL 素子の外部量子効率は従来の 1.5 倍の 30 % にまで引

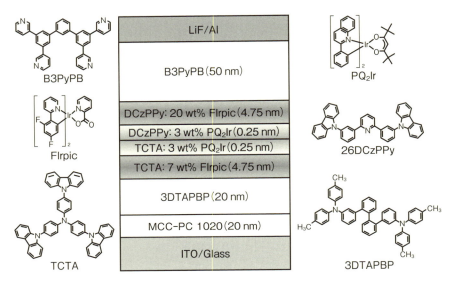

図 2.1.17　白色リン光有機 EL 素子の構造

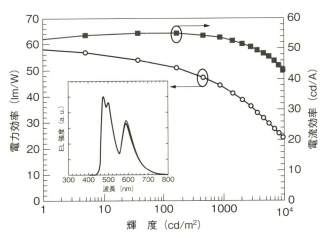

図 2.1.18　白色リン光有機 EL 素子の効率

き上げられた。2014 年には同研究グループから外部量子効率 30 ％の青色リン光素子も報告されている。

　一方、有機 EL 素子の駆動電圧の低減も進んでいる。2013 年、山形大学の

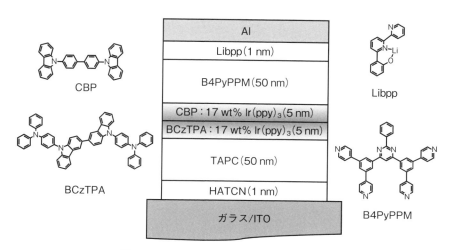

図 2.1.19　低電圧緑色有機 EL 素子の構造

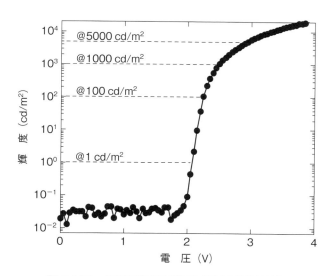

図 2.1.20　低電圧緑色有機 EL 素子の素子特性

城戸らは、乾電池 2 本の 3 V で 5,000 cd/m$^2$ の発光が得られる緑色リン光有機 EL 素子を開発した（**図 2.1.19**）。この研究では、電子の注入性を向上させるリチウム錯体電子注入材料 Libpp を極薄膜で電子輸送層と陰極の間に挿入し

ている。1 cd/m² に必要な電圧はわずか 2.07 V であり、発光材料のエネルギーギャップよりも低い電圧で駆動する（図 2.1.20）。

### 2.1.11　熱活性化遅延蛍光発光

　2012 年末、貴金属である Ir、Os、Pt などを含むリン光発光材料を使わず、純粋な有機化合物で内部量子効率 100 % を実現できる熱活性化遅延蛍光発光材料 4 CzIPN が九州大学の安達千波矢らにより報告された。一般的な有機材料では、励起三重項エネルギーは一重項エネルギーよりも 0.5〜1.0 eV 低いが、分子設計を工夫してやることで三重項と一重項エネルギーの差を 0.083 eV（83 meV）まで狭め、三重項励起子を熱エネルギーにより一重項励起子へ転換、蛍光として発光させることにより全ての励起子を利用する仕組みである。これを熱活性化遅延蛍光発光と呼ぶ（図 2.1.21）。

　4 CzIPN を発光材料に用いた有機 EL 素子は外部量子効率 20 % を実現した。一般的な蛍光 EL 素子と比べると 3 倍の効率である。2014 年、ソウル大学の J. J. Kim 博士らの報告では、熱活性化遅延蛍光素子の外部量子効率が 30 % まで引き上げられ、リン光有機 EL に匹敵する効率となっている。

　熱活性化遅延蛍光有機 EL では励起三重項エネルギーを利用するため、リン光有機 EL と同様、高性能化のためにはワイドエネルギーギャップ周辺材料が

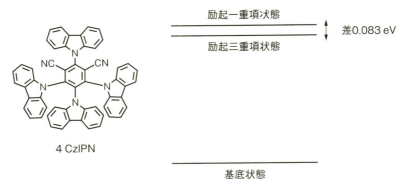

図 2.1.21　熱活性化遅延蛍光発光材料

必要となる。

☆　　　　☆

　原理的に電子を100％光に変換できる有機ELデバイスは究極の省エネルギー光源となりうる。現在、低分子蒸着型の白色有機ELパネルの電力効率は、蛍光灯の効率を大きく上回る130 lm/Wに達した。白色光源の理論限界は248 lm/Wといわれており、将来、200 lm/Wの実現が期待されている。照明分野のエネルギー使用量は全電力使用量の約20％であるため、省エネルギー照明が与えるインパクトは計り知れない。

　解決すべき課題は、低電圧化、内部量子効率の向上、光取り出し効率の向上の三つである。これには、単一分野ではなく、材料化学、光化学、半導体物理、量子化学計算などバックグラウンドの異なる研究者からなる異分野融合チームを結成し、相互のニーズに合わせた研究開発が重要である。スマートフォン同様、省エネルギー光源としての白色有機EL照明が身近になる日は近い。

## 参 考 文 献

1) C. W. Tang, S. A. VanSlyke：Appl. Phys. Lett., 51, 913 (1987).
2) M. A. Baldo, S. L. Lamansky, P. E. Burrows, M. E. Thompson, S. R. Forrest：Appl. Phys. Lett., 75, 4 (1999).
3) S. J. Su, E. Gonmori, H. Sasabe and J. Kido：Adv. Mater., 20, 4189 (2008).
4) D. Tanaka, H. Sasabe, Y.-J. Li, S.-J. Su, T. Takeda, J. Kido：*Jpn. J. Appl. Phys. 46*, L10 (2007).
5) K. Udagawa, H. Sasabe, C. Cai, J. Kido：*Adv. Mater., 26*, 5062 (2014).
6) H. Sasabe, H. Nakanishi, Y. Watanabe, S. Yano, M. Hirasawa, Y.-J. Pu, J. Kido：*Adv. Funct. Mater*. 23, 5550 (2013).
7) H. Uoyama, K. Goushi, K. Shizu, H. Nomura, C. Adachi：*Nature, 492*, 234 (2012).
8) J. W. Sun, J.-H. Lee, C.-K. Moon, K.-H. Kim, H. Shin, J.-J. Kim：Adv. Mater. 26, 5684 (2014).

## 2.2 塗布型有機EL材料

### 2.2.1 塗布型有機EL素子の長所

真空蒸着型低分子有機EL素子は成膜に高真空環境が必要であり、設備の大型化に伴い高コスト化、製造エネルギーの増大を招いている。塗布型有機EL素子は、大気圧下で塗布プロセスにより有機膜を成膜するため、大きな真空装置を必要とせず、成膜に関わる設備コスト・製造エネルギーコストを大幅に下げられると期待されている。また、ロールtoロール印刷による製造プロセスやフレキシブル基板への対応も、真空蒸着に比べより容易であると考えられている（表2.2.1）。

現状では、真空蒸着型有機EL素子に比べ、効率・寿命ともにその性能は劣っているが、近年その進歩は目覚ましく研究報告例も増加している。

表2.2.1 蒸着型有機EL素子と塗布型有機EL素子の比較

|  | 蒸着型有機EL素子 | 塗布型有機EL素子 |
|---|---|---|
| 材料 | 低分子 | 高分子と低分子の両方 |
| 成膜雰囲気 | 真空 | 大気圧下 |
| 効率 | ◎ | ○ |
| 寿命 | ○ | △ |
| 製造エネルギーコスト | △ | ◎ |

### 2.2.2 塗布型有機EL材料に求められる特性

塗布型有機EL素子では、素子を構成する有機膜を塗布により成膜する。塗布するためには、有機材料を溶媒に溶かしインク化する必要がある。したがって、塗布型有機材料に求められる必須条件は、まず第一に溶媒に対して溶けることである。次に、塗布後に結晶化せずにきれいなアモルファス膜を形成する

必要がある。

　用いられる溶媒は、毒性や異臭がないのはもちろんのこと、適度な沸点を有することが望ましい。高すぎる沸点は、高い乾燥温度と長い乾燥時間を必要とする一方で、低すぎる沸点は乾燥スピードが速すぎるため、ひび割れや波打ちなどの膜質の低下を招く恐れがある。塗布成膜ではインクの粘度も重要なパラメーターであり、有機材料の濃度や溶媒自身の粘度による調整も必要となってくる。

　有機 EL 素子では、残留水分は電気化学的な副反応を招くため、素子寿命の低下を引き起こす要因であるといわれている。低分子蒸着素子を作製する際に、真空チャンバー内の水分の徹底した除去は極めて重要である。したがって、塗布有機 EL 作製に用いる溶媒に水を用いることは避けなければならない。もちろん、水を用いても駆動劣化を招かないような材料とプロセスの開発も重要である。

### 2.2.3　塗布型高分子有機 EL 材料

　塗布型有機 EL 材料・素子は、1990 年に英国ケンブリッジ大学のグループにより初めて報告されている。

　蛍光性高分子であるポリフェニレンビニレンは、π共役による剛直な構造を有しているため、有機溶媒に全く溶けない。そこで、まず初めに可溶性のスルホニウム塩前駆体高分子を合成し、そのメタノール溶液を基板上に塗布成膜する。可溶性塩前駆体高分子は非発光性であるが、その後の加熱処理により、固体薄膜中において脱スルホニウム塩反応が起こり、二重結合（ビニル基）を形成し蛍光性π共役高分子へと変換される（図 2.2.1）。

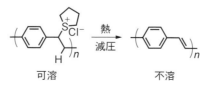

図 2.2.1　可溶性前駆体高分子の熱変換処理によるπ共役高分子合成

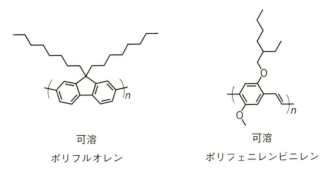

可溶
ポリフルオレン

可溶
ポリフェニレンビニレン

図 2.2.2　長鎖アルキル基置換π共役高分子

　現在、可溶性前駆体高分子からの熱や光変換によるπ共役分子合成のアプローチは、未変換残基に対して性能許容が狭い有機 EL ではほとんど用いられることはない。しかし、有機トランジスタや有機薄膜太陽電池では、有機溶媒への溶解性が極めて低いペンタセンやベンゾポルフィリンにおいて、可溶性前駆体を経て塗布するプロセスも継続して研究対象となっている。

　可溶性前駆体高分子を経由しなくても、π共役高分子自体に有機溶媒への溶解性を付与することができる。長鎖アルカンは有機溶媒に対する親和性が高いため、π共役化合物の有機溶媒への溶解性を高めるには、長鎖アルキル基やアルコキシ基による修飾が有用である（**図 2.2.2**）。

　有機 EL 素子において高効率を達成するためには、発光材料は高い発光量子収率を有するだけでは不十分で、固体膜中でホールと電子をともに輸送できる必要がある。つまり、高いホール移動度と電子移動度が必要である。このように発光特性と電荷輸送特性を兼ね備えるために、π共役高分子鎖中に発光性単位、電子輸送性単位、ホール輸送性単位をそれぞれ組み込んだ共重合型高分子が報告されている（**図 2.2.3**）。一方で、脂肪族飽和主鎖型高分子の側鎖に発光性単位、電子輸送性単位、ホール輸送性単位を側鎖として担持したペンダント型高分子も報告されており、それぞれの機能性モノマーの共重合または高分子反応による機能性団の置換により合成される（**図 2.2.4**）。

　発光性単位には、蛍光発光またはリン光発光分子のいずれを組み込むことも

図 2.2.3　共重合型高分子有機 EL 材料

図 2.2.4　ペンダント型高分子有機 EL 材料

可能である。リン光発光分子の場合、他の機能性部位の励起三重項エネルギー($T_1$) 準位がリン光発光分子よりも高い必要があり、分子設計の難易度や複雑さは蛍光性高分子よりも増す。一般的に π 共役主鎖型の高分子では、π 共役が広がる傾向にあり $T_1$ 準位を高く維持することが難しい。飽和主鎖型高分子では、主鎖の化学構造自体が $T_1$ の低下を招かないため、リン光発光型のアプローチに有利であるとも考えられるが、固体薄膜中での電荷移動度や電気化学的安定性などは、π 共役主鎖型が優れている場合もあり、他の特性との比較の中で総合的に判断する必要がある。

## 2.2.4　塗布型低分子有機 EL 材料

　有機溶媒に溶解するという条件だけを考えると、低分子有機 EL 材料も塗布材料としての候補となり得るが、分子量が低すぎたり分子構造の対称性が高いものは、結晶化を引き起こしやすいため、きれいで熱的に安定なアモルファス膜を得ることができない。そこで、樹状に分岐した構造を有するデンドリマー型有機 EL 材料や、繰り返し単位が少なく中程度の分子量を有するオリゴマー型有機 EL 材料が報告されている（**図 2.2.5**）。

　デンドリマー型有機 EL 材料では、蛍光やリン光発光ドーパントを中心に配置し、周囲に樹枝状に分岐した電荷輸送性基が置換されている。このような分岐状の嵩高い置換基は発光中心を立体的に被覆するため、固体薄膜中においても濃度消光を抑制でき、高い発光量子収率を実現できる。

　高分子では精密なリビング重合を用いても（現在の技術では）分子量分布は

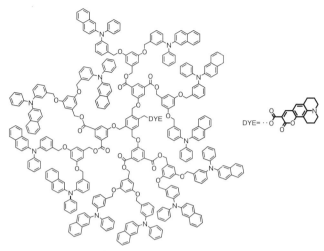

蛍光発光デンドリマー分子

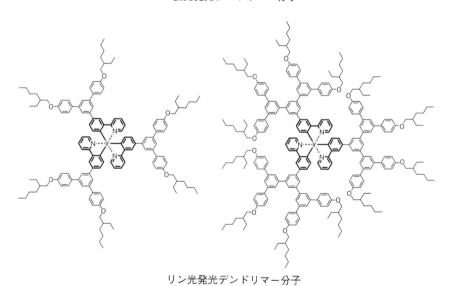

リン光発光デンドリマー分子

図 2.2.5　塗布型（中）低分子有機 EL 材料(1)

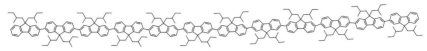

蛍光発光π共役オリゴマー分子

蛍光発光低分子材料

**図 2.2.5　塗布型（中）低分子有機 EL 材料(2)**

不可避であり、末端や主鎖中の構造欠陥が性能に与える影響もある。しかし、重合度が厳密に規制されたオリゴマーやデンドリマーでは、極めて高純度な精製が可能であるため、分子内に構造欠陥を有する分子は不純物として取り除くことが可能である。また、発光中心の種類により、さまざまな発光色材料の合成が可能である。

　塗布型有機 EL 材料において、デンドリマー・オリゴマー材料は材料純度や分子設計の容易さなどの長所がある一方で、高分子材料は薄膜の高い熱安定性や溶液粘度の高さなどの長所がある。最終的にどちらのアプローチがいいかは結果論であり、今後の有機 EL 性能の向上によるところが大きい。色純度や発光効率、寿命などの有機 EL としての基本性能が解決された上で、他の付随する短所が問題になってくるであろう。もちろん、リン光材料や高分子材料など、知的財産に関する部分も考慮する必要がある。

## 2.2.5　発光層以外の塗布型有機 EL 材料

　蒸着型有機 EL 素子と同様に、塗布型有機 EL 素子でも多積層化は高性能化に有用である。しかし、塗布法により積層する場合、塗布溶媒が下地となる有機層を再溶解し混ざり合うのを防ぐため、下層となる有機層は上層の塗布溶媒

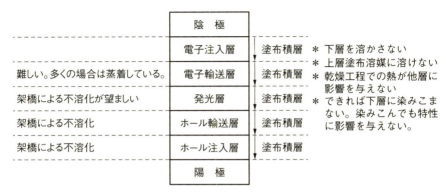

図2.2.6　塗布プロセスによる多積層型有機ELと材料に要求される条件

に対して不溶である必要がある（**図2.2.6**）。

　ITOを陽極に用いる場合、塗布型ホール注入層には導電性高分子であるポリ（エチレンジオキシチオフェン）：ポリスチレンスルホン酸（PEDOT：PSS）がよく用いられる。これは、PEDOT：PSSが有機溶媒に不溶であり、上層の塗布積層が容易であるためである。しかし、PEDOT：PSSは有機EL素子の駆動時に電気化学的に劣化しやすく、素子寿命の低下の要因となる。したがって、PEDOT：PSSに替わる電気化学的に安定な塗布型ホール注入材料が多く報告されており、その多くは$p$-ドープされた（酸化剤が添加された）アリールアミン系の材料である。

　塗布型ホール注入材料の上層への発光層の直接塗布積層は可能であるが、その2つの層の間への塗布型ホール輸送層の挿入が有効である。ホール輸送層の高いLUMO準位による電子ブロックと高い$T_1$準位による励起子ブロックにより、さらなる高効率化が可能である。ここで塗布型ホール輸送層は、発光層の塗布溶媒に不溶である必要がある。不溶化には、主に熱架橋や光架橋反応によるアプローチがある。しかし、熱や光により反応する部位の導入は、未反応残基や架橋反応後の置換基が有機EL特性に悪影響を及ぼす場合が多く、注意深い設計が必要である。

　発光層に、π共役化合物に対しての一般的な良溶媒であるトルエンやテトラ

ヒドロフランなどではなく、低分子量のアルコールやエステル系溶媒を用いる場合は、ホール輸送層を架橋しなくても高分子系ホール輸送材料を用いることで、発光層の塗布積層が可能になる場合もあり、塗布溶媒の選択も重要である。しかし、そのようなアルコールやエステルに可溶な発光材料は、ほとんどの有機溶媒に可溶であるため、さらにその上層に電子輸送層を塗布することは困難になってくる。したがって、発光層の不溶化は極めて重要なポイントとなるが、リン光材料を用いた場合、架橋による不溶化は発光効率の低下を招き、いまだ不溶化できる高効率なリン光発光層材料は開発されていない。

　ほとんど多くの塗布型有機EL素子と称されるものは、塗布成膜と蒸着成膜のハイブリッドであり、ホール輸送層まで、または発光層までを塗布積層し、電子輸送層からは蒸着積層している。近年、山形大学の夫らは、ホール注入層から電子輸送層までの4層を塗布積層した緑・青・白色有機EL素子の作製と高効率化に成功している。カギは、いかに有機EL性能を損なうことなく可溶化と不溶化の関係を積層材料に付与できるかにあり、発光層材料の分子量を厳密に制御し、適切な塗布溶媒の選択により、電子輸送層までの塗布積層と蒸着素子に匹敵する高効率化を実現している。

　また一方で、部材点数・工程数の削減、歩留まりの向上の観点から、ホール輸送層や電子輸送層などの周辺層を用いずに、なるべく積層数を減らした構造においても高効率化が可能な発光層材料・素子を開発することは極めて重要な課題である。しかし、それは蒸着型有機EL素子においても共通の課題であり、将来的に重要な問題である。

　現在、陽極ITOはスパッタにより、陰極Alは抵抗加熱により真空蒸着しているが、電極も全て塗布成膜したオール塗布積層有機EL素子は究極形である。ITOに替わる塗布陽極として、導電性高分子やカーボンナノチューブ、グラフェン、銀ナノワイヤなどが検討されている。陰極金属の塗布成膜は極めて難しい。銀インクなど低温で成膜可能な高性能金属インクが開発されているが、有機層への電子注入性に乏しく、将来の課題である。

## 2.2.6　乾燥温度と乾燥時間

　塗布プロセスは、有機溶媒を用いた湿式プロセスであるため、必然的に乾燥処理が必要である。乾燥時間の短縮、乾燥温度の低温化のためには沸点の低い有機溶媒が好ましいが、材料の溶解性や成膜後の膜質を考慮して、沸点を調整する必要がある。また、真空蒸着により成膜した膜と比較して、塗布により成膜した膜は膜密度が低く、分子同士のパッキングが疎になっている。塗布材料の適度な加熱処理によるアニーリングは、そのような塗布膜をより密にすることができ、電荷移動度の向上による発光特性の向上につながる。特に低分子材料では、ガラス転移温度より高い温度において重心の移動（つまり流動）が可能になるため、再配向による結晶化を誘発し素子の短絡につながる。

　しかし、多層構造を構成する全ての有機層の耐熱性は等しくなく、ある層の乾燥やアニール温度が他の層に影響を及ぼすため、塗布積層においては、上層にいくにつれて乾燥・アニール温度が低くなるのが望ましい。

## 2.2.7　塗布プロセスによるマルチフォトンエミッション型有機EL素子の作製

　マルチフォトンエミッション（MPE）型（またはタンデム型）有機EL素子は、有機ELユニットを電荷発生層を介して直列に多段に積層した構造を有しており、積層したそれぞれの有機ELユニットから発光を得ることができる。直列接続であるため、電圧は積層段数倍に増加するが、電流密度は一定である。輝度も積層段数倍に増加するため、電流密度当たりの輝度、すなわち電流効率（cd/A）も積層段数倍に増加する。したがって、MPE型素子構造では、ある一定輝度を得るための電流密度を減らすことができるため、素子の長寿命化に極めて有効であり、照明などの高輝度用途には欠かせない技術である。

　塗布型有機EL素子においても、真空蒸着型有機ELと比較して用途や要求性能が変わらないのであれば、現行の多くの有機EL素子において用いられているMPE型素子構造は必須であると考えられる。標準的な有機EL素子は5層構造を有しているため、2段のMPE型素子にするとおよそ10層の多積層構造が必要になる。現在、山形大学の夫らは新しい塗布材料および塗布方法を開

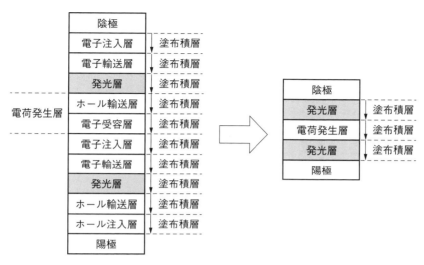

図 2.2.7　塗布型マルチフォトンエミッション型有機 EL 素子

発することにより、電極以外を全て塗布積層した 2 段型 MPE 型素子の作製に成功し、MPE 型素子特有の高い電流・電圧・輝度特性を得ている。

このような研究開発の過程で、塗布積層に必要な有機 EL 材料の構造、塗布溶媒に必要な特性、乾燥・アニーリングプロセスなどが明らかになってきており、今後さらなる性能の向上が期待できる。将来的には、例えば積層数を究極的に減らし、電極の間に 2 つの発光層と電荷発生層だけを塗布成膜した 3 層塗布積層 MPE 型有機 EL 素子のような、超簡単構造の塗布型有機 EL 素子の開発が望まれている（図 2.2.7）。

第**3**章

製 造 法

# 3.1 真空蒸着式製造法

## 3.1.1 真空成膜技術の概要

　薄膜の形成方法は、乾式成膜法と湿式成膜法とに大別される。乾式成膜法は、成膜材料を固体（紛体）や気体（ガス）の状態で取り扱う方法であり、一方、湿式成膜法は、成膜材料を溶液状にしたうえで成膜後に溶媒を乾燥させて薄膜を形成する技術である。

　乾式成膜法は、成膜材料を基板上に物理的手法により堆積させる PVD（Physical Vapor Deposition）と、化学反応により堆積させる CVD（Chemical Vapor Deposition）に大別される。図 3.1.1 にその分類を示す。

　PVD には、真空蒸着、スパッタリング、イオンプレーティングなどがあり、用いる成膜材料により使い分けられている。PVD では成膜の際にチャンバー内を真空状態にする必要があるが、これは、気体分子が存在する空間では平均自由行程が短いため、加熱された蒸発源から基板に向けて放出される成膜材料が途中で気体分子に衝突して基板に届かないことや、酸素が存在する場合には加熱された成膜材料が酸化や分解を起こしてしまうという不具合が発生するためである。

　真空蒸着は、真空中で成膜材料を加熱し材料を気化させて基板上に堆積させる技術である。成膜材料の加熱方法により、抵抗加熱蒸着と電子ビーム蒸着とに分けられる。抵抗加熱蒸着では、ボート状やコイル状のタンタル、モリブデン、タングステンなどの高抵抗金属に通電し、これを熱源とする。一方、電子ビーム蒸着は、加熱したフィラメントから放出された熱電子を加速して電子ビームとし、るつぼ（ハース）に入れた成膜材料に照射して電子の運動エネルギーを熱エネルギーに変換することで成膜材料を加熱する。

　スパッタリングは、チャンバー内でグロー放電を発生させ、Ar などの導入ガスをグロー放電により正イオン化し、陰極にある成膜材料（ターゲット）に

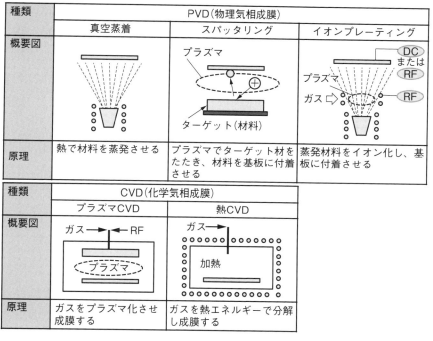

図 3.1.1　乾式成膜法の例

衝突させることで成膜材料をたたき出し、それを基板上に堆積させる技術である。

　真空蒸着により蒸発した成膜材料を途中でイオン化し、電場により加速して高エネルギー状態で基板に製膜する方法がイオンプレーティングである。高エネルギー状態で堆積することから、形成された薄膜の密着性や結晶性が向上する。

　CVD には、供給するガスの種類や形成する膜に求められる特性に応じて化学反応の制御に種々の方法が用いられる。代表的な CVD として、プラズマ CVD、熱 CVD などがあり、前者はプラズマを用いて原料ガスの原子や分子を励起・反応させ、後者は熱により成膜材料の分解反応や化学反応を促進する。

　このように乾式成膜法には種々の技術があるが、低分子材料を用いた有機

EL素子の作製には真空蒸着が用いられ、特に低分子材料の成膜には抵抗加熱蒸着が、また電極材料の成膜には抵抗加熱蒸着や電子ビーム蒸着が用いられる。高分子材料に関しては、分子間相互作用の小さい一部の材料に関して真空蒸着で成膜した報告があるが、真空中での加熱により材料が分解してしまうことから、可溶化して溶液による塗布法で成膜するのが一般的である。

有機EL素子を乾式成膜法で形成する場合、真空蒸着以外の方法が用いられない理由として、薄膜形成に用いるプラズマや電界などのエネルギーが形成された薄膜にダメージを与えてしまうことや、低分子有機材料に与えるエネルギーが強すぎると材料が分解したり飛散したりしてしまうことが挙げられる。また、材料の焼結も不可能なことからスパッタリング用のターゲットの作製も困難である。これらの理由により低分子有機材料の成膜には真空蒸着が用いられる。

### 3.1.2 真空蒸着装置

図3.1.2に実験的に用いられる抵抗加熱蒸着による真空蒸着装置の概念図を示す。真空槽には金属、またはガラス製容器が用いられ、槽内は真空ポンプを用いて大気から$10^{-3}$Pa以下に減圧し、蒸発源として図3.1.3に示すような高抵抗な金属製の蒸着ボートや蒸着フィラメントに蒸着材料を仕込んだものに通電、加熱して成膜を行う。

減圧するために用いられる真空ポンプは圧力に応じて使い分けられる。低真空領域では油回転ポンプやドライポンプが用いられ、所定の圧力に到達した段階でメカニカルブースターポンプや油拡散ポンプ、ターボ分子ポンプ、クライオポンプなどに切り替えて高真空を実現する。有機EL素子を作製する際に真空ポンプに用いる微量の油が真空槽内に逆流して真空槽を汚染し素子への不純物の混入により特性が低下するのを防ぐために、低真空域ではドライポンプが用いられ、水分を効率よく真空槽から排出するために高真空域ではクライオポンプを用いることが多い。

真空槽の大きさや槽内の壁面の吸着ガスの質や量、真空ポンプの排気能力に

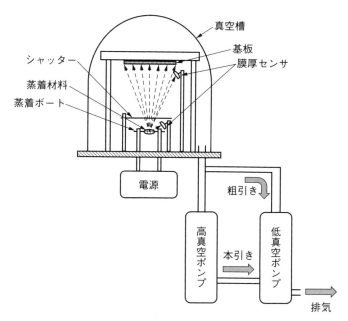

図 3.1.2　真空蒸着装置の概念図

もよるが、真空槽内を排気し成膜可能な真空度に達するまでには1時間以上の時間を要する。したがってバッチ式の真空蒸着装置の場合には、基板の装着や蒸着材料の交換、補充の頻度をなるべく減らす工夫をし、大気解放時の真空槽内壁への水分や酸素の吸着を抑えることで排気時間を短くするなどの工夫が必要である。ゲートバルブで仕切られたロードロック室やグローブボックスを真空槽に連結することで、真空槽を大気解放することなく基板のセッティング、搬送を行うことができる。

## 3.1.3　真空蒸着プロセス

成膜可能な高真空域に到達した後に蒸着操作に入るが、特に基板がプラスチックの場合には、高真空域になると基板に吸着していた水分などのガスが放出され、圧力が下がりにくくなるのと同時に、有機EL素子を作製後に基板に吸着していた水分が素子の発光状態に悪影響を与えることがある。そのため、基

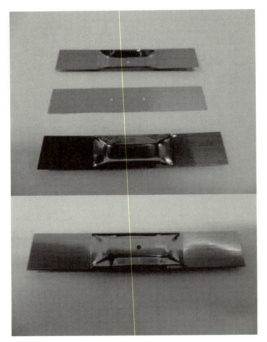

(a) 蒸着ボート

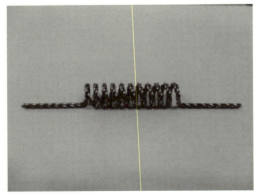

(b) 蒸着フィラメント

図 3.1.3　蒸発源

板表面の洗浄処理や蒸着材料の予備加熱などが必要となる。

(1) 基板洗浄

　有機 EL 素子の陽極と陰極間に積層する有機材料の膜厚は 1 μm 以下である。したがって、基板表面の傷や基板表面に付着した異物は有機 EL 素子の発光状態に大きな影響を与える（図 3.1.4）。絶縁性の異物が基板表面に付着したままだと、ダークスポットと呼ばれる有機 EL 素子が部分的に発光しない現象として現れ、基板表面に傷が存在したり導電性の異物が付着したりすると、陽極と陰極との間の電極間ショートが発生し、不灯という現象が発生する。また、付着した異物が有機材料成膜後、陰極材料の成膜前に脱離しても同様な現象が発生する。そこで基板の洗浄は有機 EL 素子の作製には非常に重要な操作となる。

　図 3.1.5 に洗浄方法の分類を示す。基板上の異物を除去する代表的な洗浄方法として、ブラシを回転させて基板表面を機械的にクリーニングするスクラブ洗浄、10〜100 kHz の低周波を用いた超音波洗浄、1 MHz 前後の高周波を用いるメガソニック洗浄などがある。洗浄液としては超純水やアルカリ性または中性洗剤が用いられる。基板表面に残存して付着した有機物などの異物は有機溶剤を用いて溶解することも可能だが、大量の有機溶剤の使用は環境面への影響を考えると勧められない。

　乾式の洗浄技術である UV オゾン洗浄により有機物を除去し基板表面を改質する技術も有効である。低圧水銀ランプから発生する 185 nm の波長の紫外線

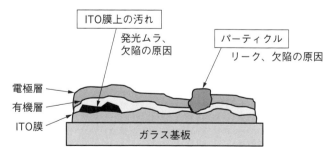

図 3.1.4　基板の汚れ、パーティクルと有機 EL の欠陥

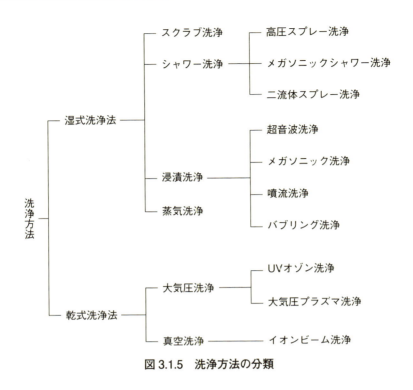

図 3.1.5　洗浄方法の分類

が基板表面の有機物分子の結合を分解すると同時に、空気中の酸素からオゾンを発生させ、このオゾンから分離した活性酸素が有機物と結合し水や二酸化炭素として除去される。

　湿式法により洗浄された基板は水洗後にスピン乾燥、エアナイフによる窒素や乾燥空気の吹き付けなどを行って乾燥する。また基板を加熱乾燥することで水分の除去を行う。

## (2) 成　膜

　発光効率が高く、駆動寿命が長く、信頼性の高い有機 EL 素子を作製するためには、用いる材料や素子の作製プロセス条件、作製環境について十分考慮する必要がある。

有機EL素子を作製するに当たり、乾式成膜法である真空蒸着は湿式成膜法に比べ、素子の特性を左右するいくつかの優位点がある。

一点目は材料の純度である。有機EL素子に用いる有機材料に関しては、真空蒸着には精製を繰り返した高純度な材料が用いられる。精製操作としては、溶液状態からの析出法である再結晶法やクロマトグラフ法が用いられるが、溶解度の点や溶媒の純度含め単離操作には十分な注意が必要である。

高純度材料を収率良く得るために有効な精製操作は昇華法である。昇華法では、減圧下で有機材料を加熱し有機材料のもつ昇華温度に到達した段階で目的物を得ることができ、この昇華温度の差で不純物と目的物とを単離する。

**図 3.1.6** に昇華精製装置（Train Sublimation）の概念図を示す。この昇華法は分子量の大きな高分子材料には適用することができない。また、湿式法に用いる溶媒をより高純度化する必要がある点からも、材料の純度という点では真空蒸着に用いる有機材料の方が湿式法に用いる有機材料よりも優れている。なお、精製操作にいくつかの方法を組み合わせることにより、効率良くより高純度な有機材料を精製することができる。

次に、有機EL素子を成膜する際の環境を乾式法と湿式法とで比較すると、真空という環境には水分や酸素など有機EL素子に用いられる有機材料や金属

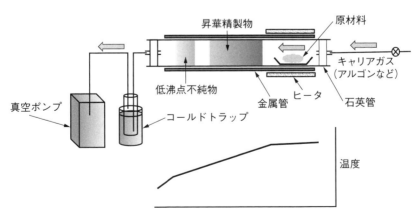

図 3.1.6　昇華精製装置（Train Sublimation）の概念図

材料に悪影響を及ぼす因子が存在しないのに対し、湿式法では材料の塗布時および乾燥時に大気中の微量な水分が膜中に溶解しないような工夫を必要とし、また特に加熱乾燥時における材料の酸化にも十分な注意が必要となる。そのためには、水分や酸素に対する耐性の高い材料を開発するか、あるいは塗布、乾燥という操作を不活性ガス雰囲気中で行うなどの対策が必要となる。

　有機材料は蒸発源として用いる前述の金属ボートに入れた後に電極にセットし通電、加熱するが、材料の蒸発する温度に達する前に材料の脱ガス操作のために蒸発温度よりも低い温度で予備加熱を行う。生産時には複数の蒸発源を用意し、蒸着操作を行う前に予備の蒸発源を加熱しておくことがタクトタイムの短縮に有効である。

　蒸発源を加熱する際に特に気をつける必要があるのが材料のスプラッシュ（突沸）である。有機材料には、加熱後に溶融状態から蒸発する材料と、溶融せずに昇華により蒸発する材料があるが、特に後者にとっては十分な注意が必要である。スプラッシュは材料が塊となって飛散する現象のことをいい、この塊が膜中に発生するとピンホール、ダークスポット（図3.1.7）、ショートの原因となる。そこで、成膜レートを落とす、熱の伝わり方を均一にする、などの工夫が必要となる。有機材料の成膜レートは、蒸発源近傍や基板近傍に設けた水晶振動式の膜厚センサの水晶振動子の周波数変化をモニタリングし、併せて蒸発源に通電する電流値を変化させることで制御する。通常、数Å／sec程度の成膜レートで薄膜を形成する。

　　正常な発光　　　　　　ダークスポットによる異常発光

図3.1.7　有機ELのダークスポット

## 3.1.4 ゲスト-ホスト法

　有機 EL 素子の高効率化に向けて様々な研究開発が進められてきた。古くは 1960 年代にアントラセンの単結晶に数十から数千 V という高電圧を印加することでキャリアを注入し EL 発光を確認したという報告がある。

　特に日本の大学や企業を中心に有機 EL 研究の本格的なスタートを切るきっかけとなり現在実用化されている有機 EL 素子の基本となる技術であるイーストマンコダック社の C.W.Tang らによる薄膜の積層構造による有機 EL 素子の報告[1]があったのが 1987 年である。その後、キャリア輸送性には劣るものの薄膜の蛍光量子収率の高い有機材料を発光材料として利用できるよう九州大学が提案したダブルヘテロ構造[2]や、仕事関数は低いが活性で扱いにくいアルカリ金属を安定な化合物として用いることを提案したパイオニアの報告[3]、プリンストン大学による蛍光に替わるリン光の応用[4]や、EL の量子効率を改善する山形大学のタンデム（マルチフォトン）構造[5]など、有効な高効率化のための技術が数々提案され、有機 EL パネルの実用化に大きく貢献してきた。そして近年では、安価な蛍光材料を利用して高効率有機 EL 素子を実現しようという熱活性化遅延蛍光に関する取り組み[6]が注目されている。

　このように有機 EL 素子の高効率化に向け数々の取り組みが行われてきたが、中でも有機 EL 素子の高効率化に関して大きく寄与した技術が、1989 年に C.W.Tang らが報告したゲスト－ホスト法[7]である。この技術は、溶液状態では強い蛍光を有するものの固体状態では分子間相互作用が大きくて強い蛍光を発しないことから薄膜状態では高効率な発光材料として機能しない材料を高い発光効率を有する有機 EL 素子用の発光材料として機能させることが可能な技術である。

　上記のように、発光分子が溶媒分子中に分散して発光分子同士が相互作用を起こしにくい環境を作れば、強い蛍光を発する有機材料は、溶媒分子の役割を担う有機材料（ホスト材料）の中に溶液中で強い蛍光を発する材料（ゲスト材料）を微量ドーパントとしてドープすることで発光材料として機能させることが可能となる。この技術をゲスト－ホスト法と呼ぶ。

効率よくホスト材料からゲスト材料にエネルギーを移動するためには、ゲスト材料のHOMO（Highest Occupied Molecular Orbital：最高占有分子軌道）レベルはホスト材料のそれよりも高く、またゲスト材料のLUMO（Lowest Unoccupied Molecular Orbital：最低非占有分子軌道）レベルはホスト材料のそれよりも低くなるような分子設計、素子設計を行うとよい。

　ゲスト材料からの発光は、**図3.1.8**に示す二つの過程のどちらかを経て発現する。

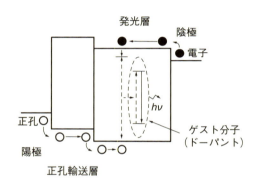

(a) ホスト分子からのエネルギー移動

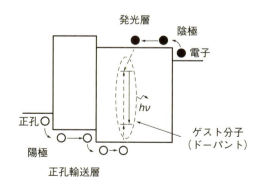

(b) ゲスト分子上での電子と正孔の再結合

図3.1.8　ゲスト−ホスト法による発光過程

（a）ホスト分子からのエネルギー移動

電子とホール（正孔）がそれぞれ陰極、陽極から注入され、印加された電圧により加速されることでホスト分子間を移動する。その後、あるホスト分子上で電子とホールが再結合することで励起子が発生し、この励起エネルギーがゲスト分子に移動することでゲスト分子が励起され、ゲスト分子が基底状態に戻る際に発光する。この過程は、ホスト分子の蛍光スペクトルとゲスト分子の吸収スペクトルの重なりが大きい場合に発生の確率が高くなる。

（b）ゲスト分子上での電子とホールの再結合

電子とホールがそれぞれ陰極、陽極から注入され、印加された電圧により加速されることでホスト分子間を移動する。その後、さらにゲスト分子に両キャリアが移動しゲスト分子上で電子とホールが再結合することでゲスト分子が励起され、ゲスト分子が基底状態に戻る際に発光する。

有機EL素子を作製する際に、真空蒸着技術では共蒸着によりこの技術を実現する。共蒸着は、2つの蒸発源にそれぞれゲスト材料とホスト材料を入れ、所定のドープ濃度になるようにそれぞれの蒸着レートを制御する技術である。

## 3.1.5 有機EL製造の技術要素

### （1）有機材料用蒸発源

図3.1.9 に有機材料用蒸発源の一例を示す。

ポイント蒸発源は、るつぼの一点から蒸発材料が噴出する方式であり、図3.1.10にポイント蒸発源を示す。膜厚均一性を得るために基板と蒸発源の距離（TS距離）を離す必要があり、材料の使用効率は悪くなるが基板の温度はあまり上昇せず、高精細マスクを用いる場合に適する。

Hot Wall 蒸発源[8]は、COS則で蒸発する蒸発粒子の方向を加熱した壁で基板側に導く方式で、材料使用効率を劇的に改善できる。蒸着レートも速く、低コスト生産が必須である照明用途に適した蒸発源である。

ポイント蒸発源を線上に並べたのがライン蒸発源[9]であり、平面で構成したものが面状蒸発源[10]である。

| 形態 | ポイント | HotWall | ライン | 面状 | OVPD | 転写法 | フラッシュ法 |
|---|---|---|---|---|---|---|---|
| 成膜方式 | 真空蒸着 | 加熱隔壁蒸着 | 真空蒸着 | 真空蒸着 | 真空ガスフロー | 転写シート+レーザー | フラッシュ蒸着 |
| 蒸着方向 | デポアップ | デポアップ | デポアップ | デポアップ | デポダウン | デポアップ | デポアップ |
|  | サイドデポ | サイドデポ | サイドデポ | サイドデポ | サイドデポ | デポダウン | サイドデポ |
| レート制御 | 水晶モニタ | 水晶モニタ | 水晶モニタ | 水晶モニタ | ガス流量制御 | 転写シートの膜厚 | 材料供給量 |
| 大面積化 | × | ○ | ○ | ○ | ○ | △ | ○ |
| 連続蒸着 | ○ (るつぼ交換) | ○ | ○(大容量) | ○(大容量) | ○ | ○ | ○ |
| 材料使用効率 | ×(TS大) | ◎ | ○ | ○ | △ | ○ | ○ |
| 基板への熱影響 | ◎ | ×(熱影響大) | ○ | △ | △ | ◎ | ○ |
| 微細化 | ○(FMM) | ○(FMM) | ○(FMM) | △ | △ | ◎ | ○(FMM) |
| コメント | ・G2基板まで<br>・高精細可能 | ・照明用に適する | ・大面積可能<br>・高精細可能<br>・生産に適する | ・テレビ用や照明用に適する | ・照明用に適する | ・高精細可能<br>・開発段階 | ・開発段階 |

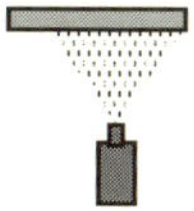

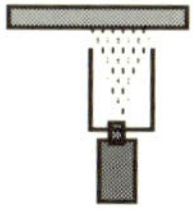

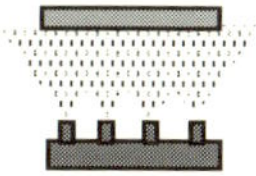

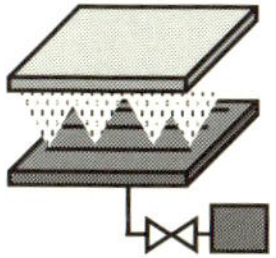

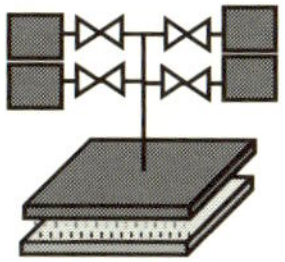

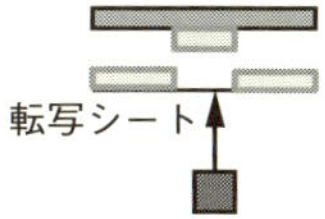

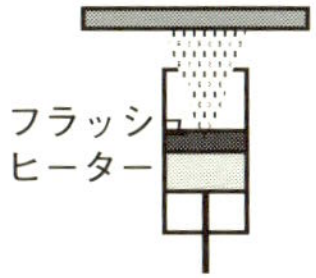

図 3.1.9 低分子材料の量産用蒸発源

◎：大変良い、または適している。○：良い。△：あまり良くない。×：良くない、または適さない。
FMM：Fine Metal Mask (高精細マスク)

| 種類 | 形状例 | 主な用途 |
|---|---|---|
| 抵抗加熱蒸発源 | 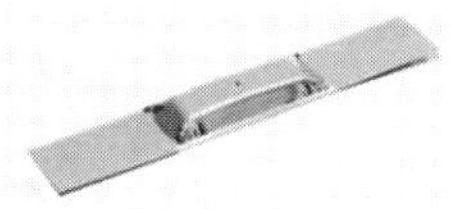 蓋付きボート | 研究・開発用実験機 |
| 量産用多点セル式蒸発源 |  多点蒸発源 | 研究・少量生産機用<br>量産機用 |

図3.1.10 有機材料用のポイント蒸発源

ライン蒸発源はTS距離が短く、膜厚均一性と材料使用効率を両立できる。基板または蒸発源を一方向に移動しながら成膜するインライン装置用の蒸発源に適し、高精細ディスプレイと照明のどちらにも用いられる。

面状蒸発源は基板と同等サイズの蒸発源を用い、一気に基板全面に成膜できる。生産性が高く照明用途に適している。

一方、CVDの発想から生まれたのがOVPD法[11]である。蒸発粒子をガスで輸送し、シャワーヘッドから基板に向けて蒸着する。この方式も照明用に適している。

転写法[12]はレーザーを用い高精細なパターニングが可能である。

フラッシュ法[13]は材料をヒータに接触させて、必要な量のみを加熱する方法である。

### (2) レート制御技術

蒸着中のレート制御は、水晶振動子式膜厚計（水晶モニタ）で得られた膜厚値を蒸発源のヒータ制御器にフィードバックし制御する[14]。水晶モニタは、共振状態の水晶振動子に蒸着物が付着したときに起こる周波数の変化量が蒸着物の質量に比例することを利用している。

周波数の変化量を$\Delta f$、膜の付着前の周波数を$f_r$、ATカットの水晶振動子の

周波数定数を $N_{at}$、水晶振動子の密度を $d_q$、薄膜の密度を $d_f$ とすると、薄膜の膜厚 $d_s$ は次式で表せる[15]。

$$d_s = N_{at} \cdot d_q \cdot \Delta f / f_r^2 \cdot d_f \quad \cdots\cdots \quad (3.1.1)$$

例えば、$N_{at} = 1.66$ MHz、$d_q = 2.649$ g/cm³、$f_r = 6$ MHz、$d_f = 1.0$ g/cm³ とすると、1 Hz の周波数の変化は 1.2 nm の膜厚変化に相当する。この式が成り立つのは限られた周波数範囲であるが、水晶振動子と蒸着物質の音響インピーダンスの補正値（Z レシオ）などを設定することで、1 μm 程度の膜厚は水晶モニタで十分測定できる。水晶モニタによる膜厚の計測は間接測定であり、水晶モニタの計測値をツーリングファクター（換算係数）により基板上の膜厚に換算する。

図 11 は、水晶モニタの水晶片を定期的に交換し 6 日間（144 時間）連続で蒸着した時のレートを示す。±3 % 以下のレート安定性が得られている。

### （3）共蒸着技術

有機 EL の RGB カラー化のためホスト材料に数％程度の色素材料をドーピ

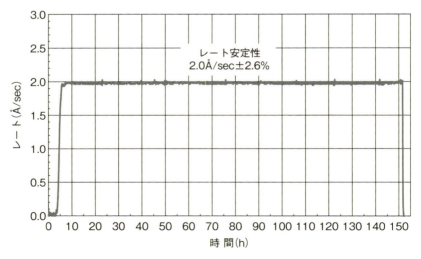

図 3.1.11　有機材料用の長時間（144 時間）蒸着レート安定性

ングする[7]。2種類の材料の混合比を制御して蒸着する方法には混合材料をフラッシュ蒸着する方法もあるが、レートの安定性や比率の制御の容易さから別々のるつぼから個々に蒸発させ気相で混合する方法が採用される[15]。

　水晶モニタは単位時間当たりの質量を測定しているため、ホスト材料に対するドーパント材料の濃度を wt ％（重量比）で表す場合は、水晶モニタの蒸着レート比をそのまま重量比と考えて設定する。例えば、ホスト材料を 2 Å/s で制御する時、ドーピング濃度 2 ％を得るにはドーパント材料の蒸着レートを 0.04 Å/s で制御すればよい。

## （4）膜厚の均一性

　膜厚の均一性は、基板と蒸発源の位置関係と蒸発源からの粒子の飛び方でほぼ決まる。微小蒸発源から $l$ cm だけ離れ、蒸発源と $\theta$ だけ傾いた平面上の膜厚 $d(\theta)$ は次式で与えられる[14]。

$$d(\theta) = m \cos \theta / 4\pi \rho l^2 \quad \cdots\cdots \quad (3.1.2)$$

ここで、$\rho$ は膜密度（g/cm$^3$）、$m$ は全蒸発量（g）である。膜厚が蒸発距離の 2 乗に逆比例し、蒸発源に対する傾きの $\cos\theta$ に比例することを示す（COS則）。

　広い平面基板上に均一膜を形成するには、相対運動を伴う蒸発流密度分布内の基板滞留時間を最適化する方法がある[15]。基板と点蒸発源の位置をずらし配置し（通常は基板中心から外側に蒸発源を配置する）、基板を回転しながら蒸着を行うことで基板の中心部と外側部の蒸発粒子の付着量を均一にする。また、補正板を用い付着量を制御する方法もある。蒸発源をライン状に並べた場合は、個々の噴出量から噴出口の位置を計算により最適化する。あるいは、個々の噴出速度を制御する方法もある。照明用途では ±1～3 ％の均一性が求められる。

## （5）材料の使用効率向上

　有機 EL の製造コストを下げるには、成膜時に使用する高価な有機材料の利用率（材料使用効率と呼ぶ）を高くする必要がある。

材料使用効率 $\eta$ は、るつぼから蒸発した材料量 $W_R$（全蒸発量）と基板面に付着した材料量 $W_S$ の比で、次式で表される。$W_R$ には、搬送やアライメント時間で消費された材料量 $W_h$、基板面以外に付着した材料量 $W_b$、蒸着マスクに付着した材料量 $W_m$、所定レートまでの立ち上げ時間に消費された材料量 $W_{st}$ を含んでいる。

$$\eta(\%) = (W_S/W_R) \times 100 \quad \cdots\cdots \quad (3.1.3)$$

$$W_R = W_h + W_S + W_b + W_m + W_{st}$$

材料使用効率を高めるにはTS距離を短くすることが有効であるが、膜厚均一性と基板への熱影響に注意しなくてはならない。また、ストップバルブ付きの蒸発源[10]では $W_h$ を小さくすることができる。照明用途ではRGBマスクを使用しないので $W_m$ を小さくできる。HotWall蒸着法[8]は蒸発粒子のほとんどを基板側へ輸送するため $W_b$ を激減することができる。

### (6) 金属材料用蒸発源

カソード電極材料はアルミニウムやAg＋Mgなどが、また電子注入層にはLi、やCa、またLiFやLi$_2$Oなどが用いられる。これらの材料は、図3.1.10に示した抵抗加熱式蒸発源やセル式蒸発源、また電子ビーム（EB）蒸発源で蒸着できる。

アルミニウムは溶融した際、るつぼ材料との濡れ性が良く、溶融材が這い上がる現象が起こるため、抵抗加熱式ではフラッシュ蒸着法が、セル式ではるつぼ上部を冷却するコールドリップ方式が用いられる。EB蒸発源は2次電子やX線による有機ELへのダメージに注意する。

リチウムは600℃程度の低温で容易に蒸着できる。酸化しやすい材料であるが、取り扱いを容易にしたアルカリディスペンサ材[16]も商品化されている。

### (7) パターニング技術

有機ELデバイスはシャドーマスクを用いて成膜範囲（位置）をパターニングする[17]。

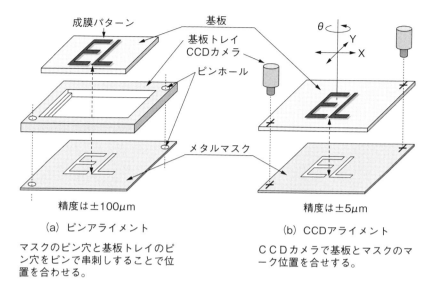

|   (a) ピンアライメント | (b) CCDアライメント |
|---|---|
| マスクのピン穴と基板トレイのピン穴をピンで串刺しすることで位置を合わせる。 | CCDカメラで基板とマスクのマーク位置を合せする。 |

図 3.1.12　蒸着マスクと基板のアライメント方法

　RGB を塗り分ける場合、ピクセルサイズ（数十〜数百 $\mu$m 程度）の高精細なシャドーマスクと基板を CCD カメラアライメント機構により ±5 $\mu$m 程度の精密な位置合せを行う。一方、ホール注入層や電子輸送層などの共通層や照明用の発光層は、デバイスサイズの開口をもったマスクでよく、精度が低ければ簡易的な機械式アライメント（ピンアライメント）方式でもよい（**図 12**）。またパッシブ駆動デバイスでは、カソード電極層に陰極隔壁法[18]を用いることで高精細な蒸着マスクを用いなくてもパターニングできる優れた方式もある。
　マスクは熱伸びを考慮し低熱膨張率のインバー材を用い、基板との密着性を上げるためテンションを張る方法や、磁石で吸引する方式が考えられている[17]。

## 3.1.6　有機 EL 用真空成膜装置

　有機 EL は水分や酸素により劣化するため、成膜から封止までのプロセスを大気に触れない環境で行える連続装置が望ましい。**図 3.1.13** に装置の一例を示す。実験機においても成膜から封止までを連続一貫した装置構成になる。量

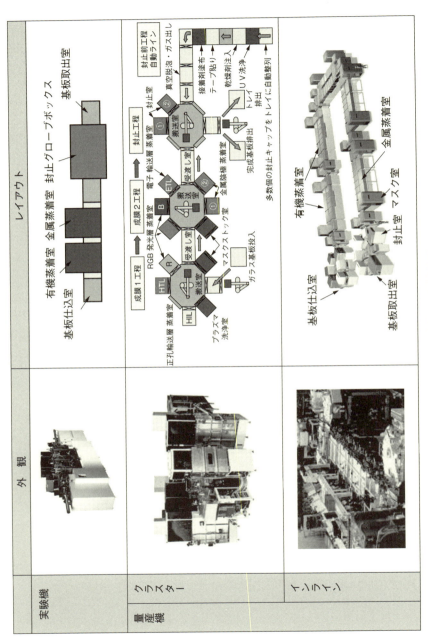

図 3.1.13 有機 EL 製造装置

産機はクラスター型とインライン型がある。プロセスフローは装置形態によらずほぼ同じで、基板を仕込室から投入し、基板洗浄、有機層成膜、電極層成膜の順で進み、そして封止室に搬送し封止して完成する。

成膜室の真空度は、基板へ入射する残留ガス（酸素と仮定）が次式で与えられる[19]。また、基板に入射する有機材料の量は、$10^{14}$個/sに相当する（分子直径を$\phi 1$ nm、基板上に毎秒1分子層で形成したと仮定）から$10^{-4}$ Pa以下が必要である。これにはさらに高真空が必要なことも指摘されている[20]。

$$J_{O2} = 2.7 \times 10^{20} P/(MT)^{1/2} \fallingdotseq 3 \times 10^{18} P \quad \cdots\cdots \quad (3.1.4)$$

$J_{O2}$（酸素の入射頻度：個/cm$^2$・s）、$P$（圧力）、$M$（分子量）、$T$（温度）

クラスター型は基板を固定（あるいは回転）し1枚ずつ蒸着する方式で、高精細のマスク蒸着に適し、スマートフォンなどの小型高精細ディスプレイに採用されている。チャンバ追加などの改造が行いやすいことも特徴である。

一方、インライン型は基板を搬送しながら成膜を行う方式で、タクトタイムを短くでき生産性の優れた装置である。照明や白色＋カラーフィルタ方式の大型テレビなど生産性重視の製品はインライン型が主流になると考えられる。

また、フィルム基板用のロールtoロール装置も開発されている[21]。ロールtoロール装置は有機ELの最大の特徴であるフレキシブル有機ELを実現する理想的な製造装置である。

## 参　考　文　献

1) C. W.Tang and S. A. Vanslyke : Appl. Phys.Lett., **51**, 913（1987）
2) C. Adachi, S. Tokito, T.Tsutsui and S.Saito : Jpn. J. Appl. Phys., **27**, 269（1988）
3) T. Wakimoto, Y. Fukuda, K. Nagayama, A. Yokoi, H. Nakada and M. Tsuchida : IEE Transaction on Electron Devices, Vol.44, No.8, 1245（1997）
4) M. A. Baldo, D. F. O'Brien, Y. You, A. Shoustikov, S. Sibley, M. E. Thompson and S. R. Forrest : Nature**395**, 151（1998）
5) J. Kido, T. Matsumoto, T. Nakada, J. Endo, K. Mori, N. Kawamura and A. Yokoi : SID 03 Digest, p964（2003）
6) A. Endo, M. Ogasawara, A. Takahashi, D. Yokoyama, Y. Kato and C. Adachi : Adv.

Mater., **21**, 4802 (2009)
7) C. W. Tang, S. A. Vanslyke and C.H.Chen : J. Appl. Phys., **65**, 3610 (1989)
8) E.Matsumoto, et al. : *SID 03 Digest*, p1423 (2003)
9) U.Hoffmann, et al. : *SID 03 Digest*, p1410 (2003)
10) M.Shibata, et al. : *SID 03 Digest*, p1426 (2003)
11) M. Schwambera, et al. : *SID 02 Digest*, p894 (2002)
12) S.T.Lee,et al. : *SID 02 Digest*, p784 (2002)
13) M.Long, et al. : SID Digest, p1474 (2006)
14) 沢木司：真空蒸着、日刊工業新聞社 (1965)
15) Siegfried Schiller, Ullrich Heisig：真空蒸着、アグネ (1978)
16) L.Cattaneo, et al. : *SID 06 Digest*, p1688 (2006)
17) 城戸監修：有機ELハンドブック、リアライズ理工センター、p.297 (2004)
18) 宮田監修：有機EL素子とその工業化最前線、エヌ・ティ・エス、p.250 (1998)
19) 金原、白木、吉田監修・編著：薄膜工学、丸善 (2003)
20) T.Ikeda,et al.; *Chem.Phys.Lett.*,426,p111 (2006)
21) P.Freitag,et al. : *SID Digest 2011*,p1067 (2011)

## 3.2 塗布式製造法

### 3.2.1 塗布式製造法はなぜ有機 EL 照明に求められているか

　有機 EL 照明の普及に向けて、効率（lm/W）や保存耐久性、長寿命化などの照明としての基本性能は重要である。2014 年現在、白色有機 EL 照明パネルは 139 lm/W（コニカミノルタ試作品「SID2014」）と非常に高い効率を達成している。これは LED に比較するとさほど高い効率に見えないかもしれない。しかしながら、面光源で比較すると、LED は点光源であるため導光板などにより点→面へ光を導出する必要があり、光のロスが発生する。また、小さい面積に大電流を流す LED では発熱による効率低下などの問題もあることから、LED であっても面光源における実効の効率が 130 lm/W を超えることは簡単ではない。139 lm/W という効率は、有機 EL の面光源としての特徴を最大限に活かした結果と思われる。

　また寿命においても 4 万時間を超えるようなパネルが発表されており、有機 EL は有機物を使用しているために寿命が短いという認識は合っておらず、有機物でも LED 並みの寿命が達成できている。

　したがって、有機 EL 照明の普及に向けて重要なポイントは「付加価値」と「価格」である（**図 3.2.1**）。「付加価値」に関しては、フレキシブル化、透明化、軽量化、薄膜化、割れないという特徴を有しているが、これに関しては別章で述べているので参照されたい。

　最後の大きな課題としては「価格」となるが、具体的には LED 照明に対する価格競争力が挙げられる。照明分野では明るさに対する価格を示す単位として円／lm（ルーメン）を用いることがある。ルーメンは明るさ（光束）の単位である。例えば、一般的な直管蛍光灯（1,500 lm）を 900 円で購入した場合、円／lm ＝ 900 円／1,500 lm ＝ 0.6 円／lm となる。非常に広く普及した光源（電球、蛍光灯）は 1 円／lm 以下であり、1 円／lm が広く普及する一つの目安と言わ

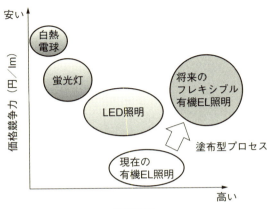

**図 3.2.1　各種照明方式の付加価値と価格競争力の関係**

れている。LED 電球では、当初 5 円／lm を超えている価格であったが、現在は 2 円／lm 以下となっており、今後さらなる低価格化とともに爆発的な普及が進むと思われる。

　一方で、現在の有機 EL 照明パネルは 2014 年時点で 50～100 円／lm 程度であり、低価格であるとは言えない。これにはいくつかの理由がある。2014 年時点で生産されている有機 EL 照明パネルは少量生産としての位置づけであり、大量生産プロセスにて製造されていない。現在販売されている有機 EL パネルは真空プロセスにて作製されているが、マザーガラスサイズが小さいため価格が下がりきっていない。今後市場が立ち上がることでマザーガラスサイズが大きくなり、さらなる低価格化が進むと予想される。

　しかしながら、マザーサイズの大きさにも限界はあるため、1 円／lm を大きく下回るような価格まで低価格化が進むかどうかには疑問が残る。本当に安く全世界で利用される照明を目指すためには、より高いスループットが望まれる。その候補が塗布型ロール to ロールプロセスである。

　例えば、ブレードコーターなどにおいては塗布速度は 1,000 m/min まで可能と言われている。この搬送スピードは達成が困難だったとしても、仮に 100 m

/min が達成可能であれば、幅手 2 m の基材を搬送したとして 1 分間に 200 m² の生産が可能である。これは G8 基板サイズ（2,160×2,460 mm）をタクト 1 分で製造する約 40 倍の生産性を有していることになる。有機 EL の塗布式は有機 EL デバイスの性能面からも課題が多く、未だ解決されていないが、将来有機 EL 照明が LED 照明と並び広く普及するには非常に重要な技術である。

## 3.2.2　塗布型ロール to ロール

塗布型ロール to ロールとは、2 つの意味を備えている。ここでの塗布型（塗布式）とは、基板上へのパターニングの有無を含めたウェットプロセスによる成膜手法のことであり、塗工（コーティング）、印刷（プリンティング）を指している。重要なポイントは、塗工液もしくはインクが基材上へ一瞬に写し取られることから速い成膜が可能となることである。

各種成膜方法は数多くあるが、有機エレクトロニクス関連分野で用いられたことがあるプロセスの簡易的な分類を図 3.2.2 に示す。溶剤を用いない乾式成膜法は、真空を用いる PVD、CVD と、大気圧下で可能な昇華、転写法に分類

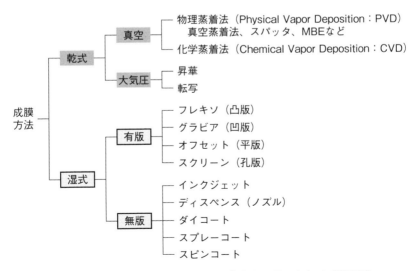

図 3.2.2　有機エレクトロニクス関連分野で用いられる成膜手法

することが可能である。この中で有機EL照明の有機EL層の成膜には、PVDに分類される真空蒸着法が用いられるのが一般的である。これに関しては別節を参考にされたい。有機物の真空蒸着は有機材料の分解が律速になり、速い成膜レートを達成するのは難しい。

一方で、溶剤を用いる湿式成膜法は、版を用いる有版方式と、版を用いない無版方式に分けることが可能である。有機EL照明の有機層に関しては、微細なパターニングが必要でないため、ダイコート法が将来の塗布プロセスにおける最有力候補である。ディスプレイ分野では微細パターニングが必要であることから、有版での印刷手法やインクジェット法などの開発が報告されている。さらに有機EL照明パネルにおいてもスプレーコート法なども開発されていることから、どの塗布方式が最終的に採用されるかは現在まだわからない状況である。

有機ELデバイス作製における成膜の要求仕様は高い。有機薄膜の厚さは1層20〜50 nm程度の極薄膜の成膜であり、さらに膜厚精度は5％以内と言われている上に、塗布による積層形成、塗布時の下層へのダメージレス、塗布膜質制御など、通常の塗布方式にはない課題も多いことから、既存の塗布方式をさらにファインに開発する必要があると言える。

一方でロールtoロールは、基材の搬送方式を示している（図3.2.3）。ロール状に巻いた長さ数百m〜数kmの基材を巻き出し連続的に処理（成膜）し、最終的にロールに巻き取るプロセスである。これに対し基板を1枚ずつ処理する工程を枚葉方式という。当然ながらロールtoロール方式のほうが、より速い基材の搬送が可能である。また、ロールtoロール方式は樹脂フィルムのよ

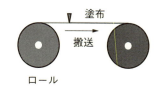

図3.2.3　塗布型ロールtoロール

第 3 章　製造法

うなフレキシブル基材の搬送に適しており、枚葉方式はガラス基板のようなリジッドな基板搬送に適している。枚葉方式においてもフレキシブルな基板をガラス基板などに貼り合わせ成膜などの処理を行うことは可能である。そのようなプロセスは少量生産には向いているが、大量生産には向かないと思われる。

　有機 EL 照明の付加価値も含めて総合的に考えると、溶液を基板に移し取るだけの成膜スピードが速い塗布方式と、搬送スピードが速くフレキシブル基材の対応が容易なロール to ロール方式を組み合わせた塗布型ロール to ロールが最も好ましいことが分かる。塗布型による有機 EL デバイス自身の性能やプロセス上の課題も多いことから、すぐに塗布型ロール to ロール方式に生産プロセスが移行することはないと思われるが、非常に"真似"のしにくいプロセスであるためブラックボックス化しやすく、日本の得意な産業の一つと言えるもしれない。このような背景からも、中・長期的に塗布型ロール to ロール方式に移行し、日本における有機 EL 照明の産業が活性化することを切に願っている。

### 3.2.3　アプリケート法を用いた有機 EL パネル

　一般的に研究室などの基礎研究の段階では、スピンコート法を用い TEG デバイス（発光面積が小さい）にて実験がなされている（図 3.2.4）。有機 EL 素子構造や有機 EL 材料の研究開発において、スピンコート法は簡便であり、また再現性も良いため非常に意味がある塗布方式であるが、将来想定される生産方式としてスピンコート法は生産性の観点から採用される可能性は低い。したがって、実験室レベルで使用されているスピンコート法と生産で採用される塗

図 3.2.4　スピンコート法

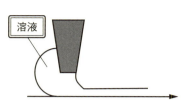 

図 3.2.5 アプリケート法

図 3.2.6 ダイコート法

布方式には違いがあるため、そこでの研究開発も必要である。

　山形大学有機エレクトロニクスイノベーションセンターでアプリケート（ドクターブレード）法を用い 100 mm 角有機 EL パネルを作製した例を紹介する。アプリケート法は、ブレードにより塗膜の厚さを調整するコーティング方式である（**図 3.2.5**）。ダイコート法（**図 3.2.6**）とよく似た塗布成膜方法であるが、溶液の供給方法が異なる。

　スピンコート法にて均一な塗布成膜が可能であった溶液を、同じ条件にてアプリケート法で成膜が可能であるとは必ずしも限らない。その一例を示す。低分子系塗布材料にてスピンコート法で結晶化などが見られない塗布溶液をそのままアプリケート法に適応した場合、基板上にて結晶化と思われる白濁が観察された。塗布溶媒、塗布条件の改良により同じ低分子系塗布材料をアプリケート法で塗布成膜が可能となった。改良された条件で 100 mm 角 3 層塗布型有機 EL 素子を作製した結果、比較的均一な白色発光を得た（**図 3.2.7**）。これらの現象は全ての塗布液で起こるわけではないが、塗布型有機 EL パネルを製造す

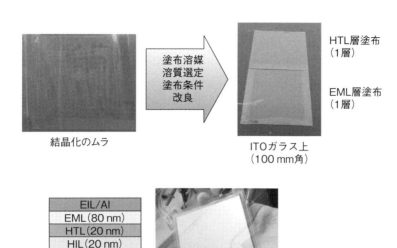

図 3.2.7　アプリケート法による 100mm 角 3 層塗布型有機 EL 素子の作製

る上で候補となる塗布方式にて確認するべき重要な検討課題であるといえる。

## 3.2.4　スリットノズル塗布方式

　スリットノズル塗布方式は、スリットダイと呼ばれるノズルから液を吐出させ成膜する技術である。①塗布厚むらが小さいこと、②低粘度から高粘度まで塗布可能な粘度範囲が広いこと、③塗布速度が比較的速く生産性が高いこと、④断続塗布や縞状の塗布など矩形であれば塗布形状が選べること、が特徴である。そのため、有機 EL 照明の各層の塗布に用いることができる。

　スリットダイの形状は大別して、図 3.2.8 に示す T 型と Coat Hanger 型の流路がある。T 型と Coat Hanger 型の使い分けは、塗布材料の粘度や材料の凝集性などの特性に応じて選択する。

　塗布基板は、図 3.2.9 に示す通り、枚葉のガラス基板やロール to ロールのフィルム基材上へも成膜が可能であり、将来の各種フレキシブルデバイスへ装置展開が可能である。また、図 3.2.9 のロール to ロール塗布に示すように、断

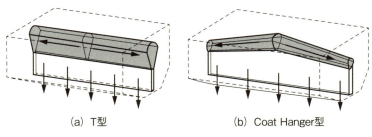

(a) T型　　　　　　　　(b) Coat Hanger型

図 3.2.8　スリットダイの形状

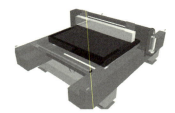

(a) ガラス枚葉塗布

(b) ロールtoロール塗布

図 3.2.9　スリットノズルによる塗布

続塗布や縞状塗布、ブロック状の塗布が可能である。

次に、スリットノズルによる塗布動作の概要を説明する。

図 3.2.10 は、液晶用コータに代表されるガラス基板上への塗布方式の一例である。塗布液は、液供給タンク（PR Tank）からポンプ（Syringe Type Pump）へ圧送され、ポンプからスリットノズルへと供給される。基板上への塗布は、吸着ステージをスキャンさせて塗布する方式と、スリットノズルをスキャンさせて塗布する方式がある。液晶分野では、マザーガラスの大型化に伴

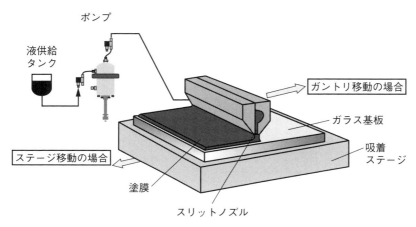

図 3.2.10　ガラス基板上へのスリットノズル塗布

図 3.2.11　スリットノズル近傍の塗布プロセス

い移動方式が現在は主流である。有機EL照明の塗布においては、基板の種類やサイズに応じてどちらをスキャンさせるか選択できる。

次に、塗布開始から終了までの一連の動作を図3.2.11で説明する。ノズル先端からブリードされた液は、東レエンジニアリングの独自技術である拭き取りゴム〔ワイピングラバー（WipingRubber）方式〕でスリットの先端まで均一に液が充填された状態（初期化）(2)され、その後、ガラス基板上で液のビード形成(4)を行う。ビード形成後、ノズルを上昇(6)させ、ガラス基板上への一連の塗布動作を行う〔(7)から(10)〕。

断続塗布においては初期化が必要な場合が多いが、塗布液材料によっては初期化せず連続して塗布可能な場合もある。この初期化方法は、回転するローラや初期化専用の基板に液をわずかに吐出して初期化する方法もあるが、拭き取

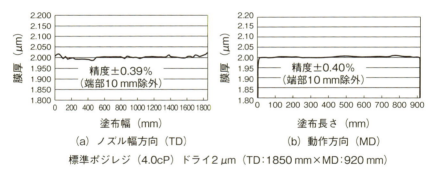

(a) ノズル幅方向（TD）　　　(b) 動作方向（MD）

標準ポジレジ（4.0cP）　ドライ2μm（TD：1850 mm×MD：920 mm）

図3.2.12　感光性レジストの塗布例

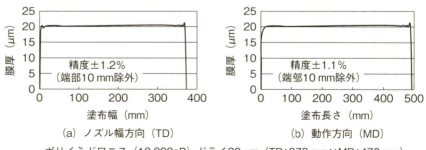

(a) ノズル幅方向（TD）　　　(b) 動作方向（MD）

ポリイミドワニス（10,000cP）　ドライ20μm（TD：370 mm×MD：470 mm）

図3.2.13　高粘度材料の塗布例

りゴム方式は、洗浄液の使用量やメインテナンスを含むランニングコストや、ごみの付着も拭き取ることができる点で優れている。

塗布膜厚の測定データを液晶用スリットコータで感光性レジストを塗布した例を図 3.2.12 に示す。ノズル幅方向（TD 方向）、動作方向（MD 方向）とも狙いの平均膜厚に対して厚さムラは ±0.5 ％以下ときわめて平坦性の良い膜が塗布できている。粘度が 10,000 cp の高粘度材料を塗布した例として、ポリイミドワニスの塗布結果を図 3.2.13 に示す。高粘度材料でも ±1 ％程度の膜厚精度が実現可能である。

## 3.2.5 インクジェット塗布方式

インクジェット塗布方式は、図 3.2.14 に示すようにインクジェットヘッドから吐出された微小な液滴を基板に着弾し面や線を描画する方法である。

インクジェット方式の特徴は、①矩形以外の自由なパターンをスリットノズルに比べてより正確に塗布することができ、② 100 nm 以下の薄膜を塗布することができる。一方、スリットノズルと比べると吐出可能な液材料の粘度範囲が狭く、材料の表面張力や乾燥のしやすさにも影響を受けるため、使える液料が限られる課題があり、生産性もスリットノズルに劣る。また、塗布厚さムラもスリットノズルに劣る。しかしながら有機 EL 照明においては、矩形以外の照明の形状にも容易に対応できることや、100 nm 以下の薄膜を塗布できることから、有望な塗布方法である。

また、100 μm 程度の配線パターンを銀ナノインクで描画することが可能で

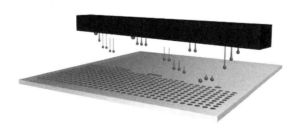

図 3.2.14　インクジェット塗布

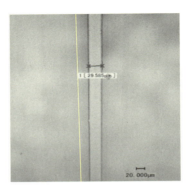

図 3.2.15　銀ナノインクによる配線の描画

あり、有機 EL 照明周辺の配線を描画する用途にも使うことができる。図 3.2.15 に銀ナノインクで配線を描画した例を示す。

## 3.2.6　ストライプ塗布方式

　プラズマディスプレイの製造には、微細なラインに蛍光体を塗布するストライプ塗布方式が実用化されている。有機 EL 照明でも、色調自在に変化させる目的で RGB を塗り分ける場合、ストライプ塗布方式が適用できる。

　ストライプ塗布ノズルの特徴は、①スリットノズル同様に広い範囲の粘度の液材料を塗布できる、②塗布厚さムラがスリットノズル同等に小さいことである。

　図 3.2.16 にストライプ塗布の概念図を示す。また、図 3.2.17 に示す通り、薄膜での間欠塗布も可能である。

　ストライプ塗布は $100\,\mu m$ 程度の幅の塗布が可能であるが、隣との混色を避けるためには、塗布すべきラインが溝状になるように壁を設ける必要があり、壁の形成工程でコストがかかる問題がある。壁が不要なピッチにすると発光エリアが小さくなる課題がある。ストライプ塗布を RGB に独立させるのではなく、ストライプ塗布で部分的に積層するなどのデバイス設計の工夫が必要である。

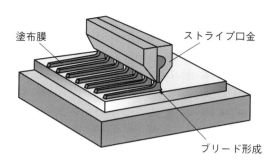

図 3.2.16　ストライプ塗布方式

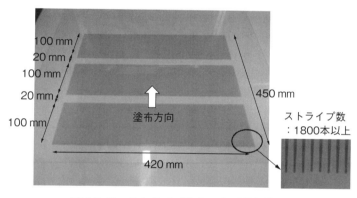

図 3.2.17　ストライプ塗布による間欠塗布

## 3.2.7　エレクトロスプレー塗布方式

　エレクトロスプレーの構成を図 3.2.18 に示す。液供給のノズルにプラス電圧を印加し、塗布する対象となる基板をマイナス側にアース接続する。液に高電圧を印加すると、溶剤のもつ電気双極子が整列し、電荷に偏りが生じ、テーラーコーンと呼ばれる形状になり電荷密度が増加し液滴が飛び出す。飛び出した液滴は、さらに分裂しナノレベルに微細化される。この液滴は基板に吸い寄せられ、基板に薄膜が形成される。
　エレクトロスプレーはマスクを電気的に絶縁することで、マスク表面マスク内のターゲット基板内に室温・大気圧下で製膜が可能となる。またこのとき、マスクの表面が液滴と同じ電位にチャージされるのでマスクが汚れることはな

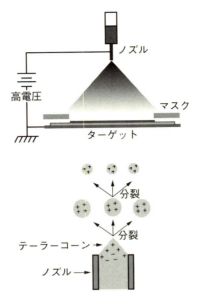

図 3.2.18　エレクトロスプレー塗布の原理

い。

　エレクトロスプレーの特徴は、①数十 nm レベルの超薄膜塗布が可能である、②膜厚ムラが小さい、③マスクを使うことでさまざまな形状の塗布ができる、④マスクが汚れない、⑤塗布領域の端部から所定の膜厚が得られる、などが挙げられる。

　有機 EL 照明用途では 100 nm 以下の薄膜塗布が必要であり、エレクトロスプレーは最適である。

　一方、エレクトロスプレーは液材料の溶媒の極性や固形分の性質などに左右され、飛翔可能な液材料が限られる課題がある。また、高電圧を用いるため、基板に半導体が形成されている場合、半導体素子を損傷しないように回路をアースするなどの配慮が必要である。

　ある有機 EL 系材料で□ 100 mm の ITO 基板上に塗布をした結果、ドライ膜厚で 30 nm と薄膜で、かつ膜厚分布は ±3％以下で成膜が可能であった。

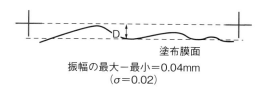

(a) 辺直線性(D)
Alignment Mark基準で振幅計測

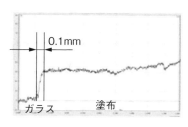

(b) 端部立ち上がり

**図 3.2.19　エレクトロスプレー塗布事例（塗布端形状）**

　また、**図 3.2.19** に膜厚端面の辺直線性と厚みのサンプルデータを提示する。端部膜厚は材料起因にも影響されるが、他のスリット塗布方式やインクジェット塗布方式と比較して除外領域を大きく採れる利点があり、さらなるパネルの薄型化、狭額縁化が進む製品に適用可能な塗布方式である。

## 3.3 検査工程

### 3.3.1 有機 EL 照明の不具合と検査方法

　有機 EL は平面状の 2 つの電極に超極薄膜の有機層が挟み込まれた構造を有している。有機薄膜は数百 nm という薄さであるため、有機材料の使用量は非常に少なく、最終的なコストメリットに結びつけることが可能である。その一方で非常に薄いためにさまざまな欠陥が発生する。特に照明用途においては、ディスプレイとは異なる不具合も予想される上に、パネル価格を将来的には LED 同等まで下げていくことも視野に入れる必要があるため、コストが安い検査工程を採用していく必要がある。これらを鑑みると、有機 EL 照明の検査工程はすでに確立しているものではなく、今後大量生産に向け低コスト可能な検査工程を開発していく必要がある。

　有機 EL 照明パネルの不具合は大きく 3 つに分けられる。

　1 つ目に関しては、面に対する均一性の問題である。均一性の指標としては輝度・色度などがあるが、広い面積になるほどに均一性を保つことが難しくなる。これらは出荷時だけでなく、保証している使用時間や使用環境に関しても同様に面均一性を保つ必要がある。初期（出荷時）における輝度・色度の不均一になる原因としては、有機薄膜の膜厚やドーピングする発光材料のドーピング濃度の面内均一性によるものや、透明電極として用いる ITO（Indium Tin Oxide）などの面方向における抵抗値によるものである。

　有機薄膜の膜厚や発光材料のドーピング濃度の面内均一性は、一般的に 5％以内といわれている。例えば 20 nm の膜厚を成膜する場合に、面内方向の分布としては ±1 nm 以内に収める必要があることになり、非常に高い精度で面内均一性を保証する必要がある。ITO などの透明電極は対極に用いる金属陰極よりも一般的に面抵抗が高い。そのため発光面積が大きくなる場合、透明電極の抵抗値により輝度のムラが確認される場合がある。透明電極の膜厚や成膜

条件、補助配線の導入により、これらの課題の解決が可能である。これらの検査方法としては、一定輝度でパネルを発光させ、輝度および色度を2次元輝度計などで測定することで検査が可能である。

　2つ目の不具合としては、非発光部（ダークスポット：DS、発光部のシュリンク）に関するものである。これに関しても、初期状態から存在するDSと、駆動や保存により増大するDSや発光部のシュリンクに分けることができる。

　初期状態から存在するDSに関しては、パネル作製時に素子基板に付着した異物やフォトレジストが意図せず残ってしまった場合に発生する。これらの初期から発生するDSの解決に関しては、一般的にそれほど大きな問題とならないことが多い。プロセスを改善することで非常にきれいな発光面を達成することが可能であり、また有機EL照明では光取り出しフィルムとして拡散フィルムをパネル前面に貼合することが多いことから、小さなDSは拡散フィルムにより確認することができない。

　駆動中もしくは保存時に発生するDS、発光部のシュリンクは主に外部から進入する水分・酸素によるものである。有機ELは通常、封止構造を設け、内部にデシカント（吸水剤）を入れる。例えば一般的なガラス基板による有機ELパネルは、ガラスキャップ内部にデシカントを保持しエポキシ樹脂にてガラスキャップと素子基板を接着する。エポキシ樹脂は完全に水分をシャットダウンできないため、デシカントにより外部からの水分を吸収するが、それ以上の水分が入ってきた場合や、熱などによりエポキシ樹脂の接着が剥がれてしまった場合はダークスポットや発光部のシュリンクが拡大することになる。それ以外にも基板に付着していた異物が駆動や衝撃により剥がれ落ちた場合にもダークスポットが観察される。ダークスポットや発光部のシュリンクの観察方法は、一定輝度にパネルを発光させ、二次元輝度計や顕微鏡により確認することが可能である。

　3つ目の不具合は、駆動中に電気的にショート（短絡）することにより不点灯になるケースである。

　この原因としては、2つ目の不具合と同様に異物によるものであることが多

い。異物周辺での有機膜が薄いために、駆動中や衝撃により2つの電極が接触（絶縁破壊）し、電気的に短絡する。異物周辺の有機薄膜が薄いことにより、異物周辺に電流が集中するため異物周辺がその他の部分に比べ明るく光る状態（ブライトスポット）が観察されることがある。ブライトスポットが観察されるほとんどの場合は、駆動中に短絡するため不良品となるが、ブライトスポット周辺をレーザーや電気的にリペア処理することで良品とすることが可能である。

またディスプレイにおいては、異物が存在する画素のみが非発光となるが、照明パネルの場合は、全面が発光しなくなるため非常に大きな問題である。根本的な解決方法は、素子基板の洗浄とプロセス中のパーティクル排除であるが、正孔注入層を塗布することで、異物全体を正孔注入材料が覆うため駆動中の短絡による不具合が少なくなることが報告されており、塗布−蒸着のハイブリッドプロセスのデバイスも開発されている。このような短絡原因となる箇所が、いつもブライトスポットとなるわけではないため、その検査は非常に難しい。短絡原因となる箇所が存在する場合、有機ELの発光しきい値までの低い電圧や逆バイアスにおいて微弱な異常の電流特性を示すことがあるため、電気特性と発光面の観察により検査することが可能である。

有機EL照明は2014年現在、少量生産プロセスにて生産されているため、検査工程におけるニーズは必ずしも高くないと思われるが、近い将来、塗布プロセスなどの大量生産プロセスが採用された場合には短い時間で良品と不良品を的確に選別する必要があり、重要な開発要素であると予想される。またパネル検査工程における負荷を下げるために、プロセス中の異物や膜厚などの検査技術も重要である。

### 3.3.2　有機EL照明の検査装置

前述の通り、有機EL照明の量産に向けて製造技術は日々日進月歩で向上しているが、いくつかの課題も残っている。それらの課題解決のためには、製造プロセスのモニタリングとさらなる改善が必須であり、その解析ツールとして

図 3.3.1　ラボスケールのタカノ（株）製 OIS-1010 検査機

検査機も大変重要な設備である。

現時点で有機デバイス用の検査はまだ確立されたものがほとんどないが、一例として、短時間で良否スクリーニング用に、タカノ（株）製の OIS-1000 というエージング・欠陥検査機がある（図 3.3.1）。この検査機は、独自の IV 測定器を用い、有機デバイスの欠陥の一要素である異常スパイク電流を捉えて、特定電圧を印加するエージングを行い、短時間に劣化の進行有無や度合を判別して良否判定している。

この検査機のもう一つの特徴として、異常スパイク電流の発生した電圧値を解析することで、おおよそながら欠陥のある層を推定できる[*注1]ことと、300

---
＊注1
タカノ（株）では、図2の事例1、2、3のようにこれまでの知見と相関性から、異常スパイクの発生する電圧によって欠陥層の特定が可能であると考えている。

事例1:ITO上にパーティクルがあり、10分エージングで短絡化した例

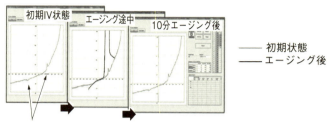

※2.9~3.1Vで異常スパイク電流を検出

事例2:緑色発光デバイスの異常スパイク電流測定例

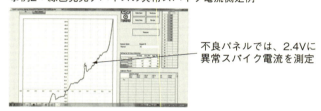

不良パネルでは、2.4Vに異常スパイク電流を測定

事例3:赤色発光デバイスの異常スパイク電流測定例

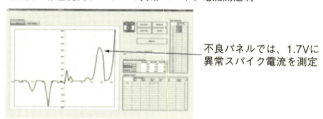

不良パネルでは、1.7Vに異常スパイク電流を測定

事例4:有機ELパネルにおけるブライトスポットの検出例

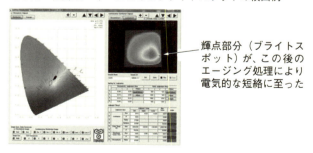

輝点部分(ブライトスポット)が、この後のエージング処理により電気的な短絡に至った

図 3.3.2　OIS-1010 検査機による検査事例

万画素の Real True Color カメラを搭載した色調検査ユニットによって、色合い検査だけでなく、1画素単位の輝点や黒点を平面一括検査もできるので、開発・試作・量産の各段階におけるプロセスモニタとしても期待できる。

　この検査機は、2013年に山形大学有機エレクトロニクスイノベーションセンターに導入設置した。この検査機を使って測定したいくつかの事例を**図3.3.2**に示す。開発者、生産技術者、プロセスエンジニアの方々の参考になれば幸いである。

第4章

# 有機EL照明器具

# 4.1 有機EL照明器具の特性

## 4.1.1 有機EL照明器具開発の背景

わが国のエネルギー消費をみると、産業部門、民生部門ともに照明機器によるエネルギー消費の割合が非常に大きい。特に民生部門では、エアコンや冷蔵庫といった家電機器と並んで照明機器のエネルギー消費量は多く、照明機器の発光効率改善が実現できれば大きなエネルギー消費削減効果の獲得が期待できる。そのため、エネルギー消費削減の新しい技術として、LED、有機ELなど、次世代照明と称されるデバイスの研究が、日本国内、国外を問わず盛んに行われている。

加えて、わが国においては2011年3月の東日本大震災以降、国内の電力事情が一変し、省エネルギー効果の獲得が期待できる技術については大きな注目が集まった。なかでも、次世代照明として先行して実用化が進んでいたLED照明については、照明機器でのエネルギー消費の削減に直接効果のある技術・デバイスとして市場への普及が加速した。現在も照明機器に対する省エネルギー化の要望・期待は大きく、LED照明の普及が進んでいる。

しかしながら、こうして市場への流通が進んだLED照明機器を調べてみると、家庭用のシーリングライトをはじめ、点光源であるLEDを擬似的な面光源に加工して照明器具として利用したものがその多くを占めていることがわかる。LEDは元来点光源であり、擬似的な面光源に光を加工するには、導光板や拡散板を利用した光の拡散処理が必要であり、かつ、その過程で光のロスが発生してしまう。いかに発光効率の高いLEDといえど、擬似面光源としての利用は効率の良い利用方法とは言い切れない。とはいえ、光の拡散処理の実施がなければ非常に強い光源となり、その眩しさから人が存在する照明空間への応用は困難となる。

一方、有機EL照明は、図4.1.1に示すように光源そのものが元来面光源で

第 4 章　有機 EL 照明器具

図 4.1.1　照明用有機 EL パネル

あり、LED 照明のような擬似面光源化の際に光のロスが発生することはない。そのため、光源の技術開発、それも実用的な光束量を得ることのできるパネルサイズでの高効率化が進めば、面光源の用途においては有機 EL 照明がその本命技術であるといえる。

　加えて、これまでの照明の歴史は、点光源の電球、線光源の蛍光灯が生み出す不快なまぶしさ（不快グレア）を加工することによって、その照明空間に存在する人間にとって快適な照明空間を作り出してきたという側面がある。LED は圧倒的に強い光源であるが、多くの場合、その照明空間に存在する人間にとってはいささか強すぎる印象を与え、快適とは言い切れない。有機 EL 照明は、発光の強さは控えめであるが、優しい光で照明空間を照らすことが可能であり、その照明空間に存在する人間にとって快適な照明空間を形成することができる。

　省エネルギー効果を獲得し、かつ、その照明空間に存在する人間にとって快適な照明空間を実現できる技術、それが有機 EL 照明技術である。

　また、有機 EL 照明は元来、薄型・軽量という特徴をもっており、電球や蛍光灯、加えて放熱部材などを必要とする LED とその形状は大きく異なる。そのため従来設置することができなかった空間への設置が可能となるなど、その特徴を活かした照明器具を開発することで照明ビジネスを刷新する可能性をもっている。さらに将来的には、有機 EL 照明ならではの技術である「透明有機

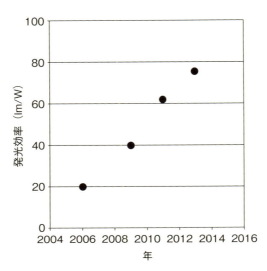

図 4.1.2　照明用有機 EL パネルの発光効率

EL」や「フレキシブル有機 EL」の技術開発が進めば、これまで設置することが不可能であった領域にまで有機 EL 照明の世界が広がることが期待できる。

　その薄さから照明器具の存在をも忘れさせ、自然な照明空間を形成できる有機 EL 照明を体験された方は、どこか他の光源とは異なるその優しい照明空間に関心をもたれ、次いで、形状的特徴に注目し驚かれる。

　照明用有機 EL パネルの発光効率の年推移を図 4.1.2 に示す。

## 4.1.2　有機 EL 照明の優位性と LED 照明との使い分け

　LED は点光源であり、1 つの LED チップから得られる光束は少ないが、多数の LED を配置することで必要な光束を確保し、主照明として使用することが考えられ、現在広く普及が進んでいる。しかし、その場合、LED は点光源で高輝度を示すことから、不快なまぶしさ（不快グレア）を人間に与える場合がある。

　その点、有機 EL は面光源であり、比較的低い輝度で主照明として必要な光束を得ることができる。これが主照明用途での有機 EL の優位性である。これ

に対してLEDにおいても、拡散板（セード）を配置することで不快グレアを緩和することは可能であるが、これは発光効率の低下を引き起こし、省エネルギー効果の低下につながる。照明電力削減のためには、光源そのものの効率だけでなく、「照明器具全体の総合効率」が重要となる。

総合効率は、

（照明器具全体の総合効率）
＝（光源の効率）×（点灯回路での損失）×（器具効率）

で表される。

例えば、住宅で主照明として使われるシーリングライトを例に、蛍光灯照明器具、LED照明器具ならびに有機EL照明器具を比較した場合、光源そのものの効率を同じ100 lm/Wと仮定すると、器具全体での総合効率は、点灯回路での損失、器具における光の拡散処理でのロスを考慮すると蛍光灯照明器具とLED照明器具の場合、その発光効率は50～70 lm/W程度に低下してしまう。一方、有機EL照明器具の場合は、点灯回路でのロスは同様に発生するものの、拡散処理は不要なため、90 lm/W程度の発光効率を維持できる。すなわち、面光源用途の場合、LEDや蛍光灯は、その発光を均一に面で拡散する機構が必要となりロスが発生するのに対し、元来面発光する有機ELはそのままの発光が利用できるため省エネルギー効果がより大きくなる。

LED照明は、面光源として利用する場合は、その発光が強いため光の拡散処理が必要であるが、点光源として利用する場合は、その強い発光が大きな魅力となる。現時点で有機EL照明では、LEDのような強い点光源を発光効率、寿命など実用的な性能を確保したうえで真似することはできない。点光源用途ではLEDを利用することが優位である。

したがって、面光源用途は有機EL照明、点光源用途はLED照明と適材適所に使い分けることが合理的で、かつ、より大きな省エネルギー効果の獲得につながる。

LED照明と有機EL照明、それぞれ技術開発が進み、光源としてLED照明、有機EL照明ともに到達しうる理想的な発光効率は、現時点ではLED照明が

先行しているものの、最終的にはほぼ同等と考えられている。

### 4.1.3 有機EL照明器具開発のポイント

　有機EL照明器具を開発するにあたって、有機EL照明が元来もっている薄型・軽量の特徴を活かすこと、省エネルギー性能を確保することに加えて、当然のことながら照明としての機能・性能を満たすこと、照明用として有機EL照明技術を使いこなすことに注意しなければいけない。

#### (1) 薄型・軽量という特徴

　有機EL照明の発光状態を見られた方は、まず、その暖かい発光に魅力を感じられる。どこか他の光源と異なる優しい発光に興味をもたれ、次いで、その薄さに驚かれる。有機ELは、基板として1mmにも満たないガラス基板を利用しており、最終的な照明用有機ELパネルとしてその厚みは2mm以下に収まる。将来的には、広く普及しているPETやPENといったフィルム素材を基板に利用することも想定されており、まだまだその厚みは薄くなる。薄くなれば当然ながらその質量も軽量となり、その用途は広がる。有機EL照明器具を開発するにあたって、この特徴を利用することは必然である。

#### (2) 省エネルギー性能の確保

　前述したとおり、面光源として有機EL照明を利用し、その省エネルギー効果獲得を目標とすることも、有機EL照明の照明器具開発において重要なポイントとなる。有機EL照明の面光源としての配光性能を確保し、配光特性を十分把握したうえで、照明器具として設計・開発する必要がある。加えて、拡散版や導光板が必要ないということは、省資源な光源であるということも省エネルギーという点と同様、注目されるべきである。

#### (3) 照明としての機能・性能

　有機EL照明に限らず、光源を照明として利用する場合に求められる機能・

性能がある。開発された照明用有機ELパネルを利用した照明器具の開発では、照明機器としての実用に耐えうる安定点灯評価、その照明空間に必要な明るさの確保、配光評価などの実用性能の確保が必要である。従来、照明の目的は、見えるための照明であれば十分あった。それが近年、機能的には見える照明を満足しつつ、かつ、その空間にいる人間にとっての快適性をも考慮した照明へと変化している。加えて、そのデザイン性や意匠性など、照明機器に対する要求は多岐に及んでおり、それらの要求に対応しなければいけない。

それら要求される照明環境を作り出すための要件として、性能面では、照度、照度均斉度、グレア（まぶしさ）、陰影（かげ）、光源色と演色性などの特性が挙げられる。加えて、それぞれの特性に対して、一定の寿命性能を確保しなければいけない。デザイン性や意匠性に対しては、前述した薄型・軽量の特性が活かされることになる。

さらに、これらの要求を満たしたうえで考慮しなければいけないのが経済性である。上記の要求を満たしたとしても、あまりにも高価となってしまえば有機EL照明の普及は進まない。照明としての要求を満たしつつ、かつ、利用者に納得いただける価格での提供を考えなければいけない。有機EL照明器具には、上記要件を満たしつつ省エネルギーに貢献できる照明器具設計が求められる。

### （4）照明用として有機EL技術の使いこなし

照明用有機ELパネルを用いて照明器具を製作する場合、照明用有機ELパネルは、薄型・軽量な特徴など従来光源と大きく形状が異なるため、安全性に注意を払わなければいけない。薄型・軽量というのは有機ELが元来もっている特徴である。そのような照明用有機ELの光源は、国内国外問わず「パネル」と呼ばれることが多い。しかしながら、欧米では「タイル」と呼ばれることもあるようである。まさに、薄型・軽量ゆえにタイルのように天井や壁面に貼り付けて利用するイメージである。照明器具への組み込みを考えても、そのような薄型・軽量の特徴を活かした照明器具の開発が重要となる。

しかしながら、現在市場に流通している照明用有機ELパネルは、基板としてガラスを使用しているものがほとんどである。これは、有機ELの発光部の有機材料が空気中の水分に弱いため、水分が有機ELの届くことを防ぐために水分を通すことのないガラスを利用しているのである。蛍光灯や電球においてもガラスが利用されており、ガラス自体は大きな問題ではない。しかしながら、有機ELに利用されているガラスは薄い板ガラスである。蛍光灯の円筒形状、電球の球状の形状では、ガラスに比較的大きな力が加わっても、その力が分散しガラスが割れることは稀である。一方、有機ELに基板として利用されているガラスは薄い板ガラスであるため、蛍光灯や電球と比較すると比較的小さい力でガラスが割れてしまう強度の問題がある。有機ELの照明器具には、安全性の観点からガラスが割れにくい構造を採用する必要がある。また、万が一にもガラスが割れた場合を想定し、その破片が飛散しない構造とすることが有機EL照明器具はもとより、光源として使用する照明用有機ELパネルに対しても重要な設計課題となる。

以上の4点をふまえ、要求される照明機能を満たし、安全かつ合理的な、有機EL照明器具を開発する必要がある。

### 4.1.4　主照明用途向け有機EL照明器具

主照明用途は、民生部門で多くのエネルギーを消費する用途である。この用途で発光効率の改善が進んだ照明用有機ELパネルを利用し、有機EL照明器具を製作・利用することが大きな省エネルギー効果の獲得につながる。

#### （1）天井直付けタイプシーリングライト

図 4.1.3 は、照明用有機ELパネルを49枚使用した天井直付けタイプの主照明用照明器具である。パネル間の間隔を広く取ることで配光による違和感を抑え、天井一面に光源が広がり、照明空間としても光に包まれるような感覚を生み出す照明器具になっている。照明用有機ELパネルを49枚使用したことで主照明として必要な光束量を確保しており、照明空間に必要な明るさが確保で

第 4 章　有機 EL 照明器具

図 4.1.3　天井直付けタイプシーリングライト

きている。なお、点灯回路によって、それぞれのパネルの光量を調整することが可能となっており、シーンに応じて必要な明るさを調整することが可能、加えて、不要な部分は消灯させることも可能となっている。

(2) 一般家庭用シーリングライト

　一般家庭用のシーリングライト用として製作した照明器具を図 4.1.4 に示す。これは前述と同様に照明用有機 EL パネルを使用した家庭用シーリングライトである。照明器具への電源供給は、現在一般家庭で利用されている電源供給での点灯が可能となっている。25 枚の照明用有機 EL パネルを使用しているが、その光源として使用したパネルの性能向上により照明空間に必要な明るさを確

**125**

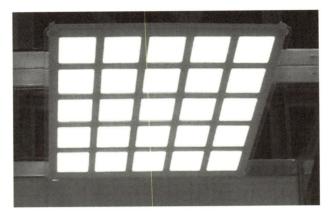

図 4.1.4　一般家庭用シーリングライト

保できている。器具の厚さは 34 mm と薄型・軽量の特徴も保持できており、加えて、組み込んだ点灯回路での制御で 0 % ～ 100 % の調光も可能となっており、すぐにでも実用可能である。

　ただし、先行する LED 照明との比較では、光源の発光効率の点で、省エネルギー性能で優位に立つためにはさらなる改善が必要である。加えて、有機 EL 照明はそのデバイス構造上、見る角度によって発光色が変わる特性がある。デバイス設計や光取り出し技術の調整でその発光色の変化を抑制することは可能であるが、25 枚のパネルを近接して並べて設置すると、人間の目の感度が高いこともあって、隣接するパネルの発光色の差に対する違和感の声が上がった。デバイス構造、照明器具の設計を含め改善の必要がある。

### （3）曲面を用いた一般家庭用シーリングライト

　図 4.1.5 は、図 4.1.4 の照明用器具の問題点を解決すべく開発した主照明用途向けシーリングライトである。点灯回路の配置を調整することで 25 枚の照明用有機 EL パネルの配置に角度をもたせ、器具全体として曲面を意識したデザインとなっている。既存の照明器具と比較して薄型・軽量の特徴を維持したまま、曲面を用いた優しいデザインを採用したことで、有機 EL 照明特有の優

第 4 章　有機 EL 照明器具

図 4.1.5　曲面を用いた一般家庭用シーリングライト

しく暖かい発光との相乗効果で快適かつ優しい有機 EL 照明ならではの照明空間の形成が確認できている。

　機能・性能面でも本照明器具からは、投入電力にもよるが 3,000 lm 程度の光束を確認することが可能で、直下照度においても家庭のリビングルームなどでの利用に推奨される 150～200 lx の直下照度を得ることを確認している。照明器具に求められる機能（明視、調和、快適）を満たしており実用可能であることを検証した。また、図 4.1.4 の照明器具で問題となった有機 EL 独特の現象である、見る角度による発光色の変化による光源を目視した際の違和感の指摘に対しても、照明器具自体に曲面を採用したデザインとすることで改善することができた。

　以上、いくつかの主照明用途向け有機 EL 照明を紹介した。照明用有機 EL パネルの性能向上により、照明器具として見た場合、明るさ、照度、照度分布など、有機 EL 照明は実用可能な段階になりつつあるといえる。ただ、先行する LED 照明と比較した場合、省エネルギー効果を獲得し、それをより大きなものとするためには、光源である照明用有機 EL パネルの発光効率の改善が継続して必要である。

## 4.1.5 デスクスタンド向け有機 EL 照明器具

　スタンド照明は、わが国の震災以降の電力事情の一変により、必要なところに必要なあかりが提供できるタスク照明として改めて注目されている。スタンド照明の場合、光源と人の目の位置が比較的近いことから、目に対する優しさを活かせる用途として有機 EL 照明の展開が考えられる。そこで、いくつかのスタンド照明が提案されており、ここで紹介する。

　図 4.1.6 のデスクスタンドは、1 枚の照明用有機 EL パネルを使用し、専用の点灯回路を開発することで、投入する電力で調光可能な使用となっている。また、幅広い照明機器への要求に応えることができるように、光源部を基本ユニットとして複数枚の光源を組み合わせて製品展開可能なアイデアを盛り込んでいる。このデスクスタンドから投入した電力に応じて、どの程度の机上面照度が得られるか評価・検証した結果を表 4.1.1 に示す。

図 4.1.6　デスクスタンド

表 4.1.1　図 4.1.6 のデスクスタンド照明の机上面照度

| 投入電力（W） | 照度（lx） |
| --- | --- |
| 1 | 142 |
| 2 | 221 |
| 3 | 300 |
| 4 | 380 |
| 5 | 459 |
| 6 | 539 |

このデスクスタンドからは、投入電力3Wにて300lxの照度、6Wにて500lx強の照度が得られており、JISの定める照度基準と比較・検証しても十分に実用可能な性能を保有していることが確認できた。一般に市販されている光源としてLEDを使用したスタンドは少ないものでも6〜8Wの投入電力を必要としており、用途によるが有機EL照明をスタンドで利用することで省エネルギー効果を獲得することができることが判明した。併せて、目に近い所に設置しても不快な印象を与えないということも確認できている。

このスタンド照明器具の光源部分は1つの光源ユニット(モジュール)としての展開が可能であり、同時に製作したスタンド照明を**図4.1.7**に示す。

スタンド照明として他にも、有機EL照明の薄型の特徴に徹底的にこだわったデスクスタンド(**図4.1.8**)も開発し、その特徴から多くの反響を確認できている。有機EL照明の普及においてスタンド照明も大きな可能性をもった用

図4.1.7　スタンド照明の展開

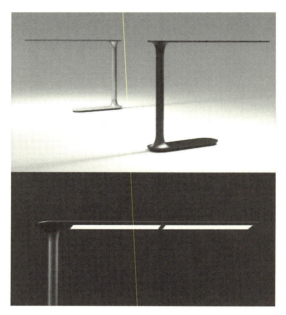

図 4.1.8　薄型にこだわったデスクスタンド照明

途であるといえる。

## 4.1.6　インテリア・デザイン向け有機 EL 照明器具

　一般家庭用として利用するには照明用有機 EL パネルの価格は非常に高いという問題がある。その反面、普及が進んでいないことを利用し、付加価値の高いインテリアやデザインディスプレイなどの用途への展開が考えられる。

### （1）インテリア照明

　図 4.1.9 に示す照明器具は、照明用有機 EL パネルを組み込んだ光源部に専用の小型点灯回路を組み込み、点灯に必要な電力供給は、台座部分にマグネットを利用した接触給電を特徴としたインテリア照明である。

　接触による電力供給という機構を利用しているため、光源部分は自由に動かすことができる。そのため、ある種のサインや表示機器としての応用や、普段

第 4 章　有機 EL 照明器具

(a) 外観

(b) 光源部（小型回路内蔵）

(c) 光源部の設置（挿入）

図 4.1.9　インテリア照明

はリビングにて使用し就寝時に光源部を 1 枚抜き取って寝室に移動するといった応用展開が可能になる。また、バッテリーと組み合わせて利用することで停電時の非常用光源として活用することなどを視野に入れて開発を進めている。

(2) デザインディスプレイ

図 4.1.10 は、デザインディスプレイとして照明用有機 EL パネルを利用した展示物である。現在、LED 照明が街路を彩るイルミネーションやデザイン

図 4.1.10　デザインディスプレイ

ディスプレイとして利用されている。このような用途にも有機 EL 照明は利用可能である。LED が広く普及しているため、有機 EL 照明を利用してその注目度を高めることができる。

## 4.1.7　住宅建材組み込み照明

　有機 EL 照明の特徴は薄型・軽量であるということを何度か紹介してきたが、その特徴を活かして住宅建材に組み込み可能な照明として有機 EL 照明の応用が期待されている。高効率を特徴とした有機 EL 照明ではあるが、開発途中にある現段階では、発光に寄与できなかった電力が熱に変換されパネルの温度上昇を招く。この問題は先行する LED 照明においても同様で、LED 照明は光源が非常に小さいため光源部は局所的に高温になってしまう。発熱が進み異常な高温状態となると発光効率の低下や不点灯を誘発する原因となるため、LED 照明には光源と比較してより大きな放熱部材が組み込まれている場合が多い。LED 照明は、発熱はもとより、この大きな放熱部材があるがために住宅建材への組み込みが困難となっている。

　有機 EL 照明も LED 照明同様、発熱するが、発光が面で発生するのと同様に発熱も面で発生するため、局所的な高温部が発生しないという利点がある。投入される電力にもよるが、発光効率改善の過渡期にあるとはいえ現在の照明

(a) 外観

(b) 建材に組み込んだ照明用有機ELパネル

図 4.1.11　住宅建材組み込み照明としての利用例

用有機 EL パネルの発熱は 30 ℃から 50 ℃程度である。そのため、特別に放熱部材を準備することなく住宅建材に組み込むことが可能である。

図 4.1.11 は、照明用有機 EL パネルを壁面に組み込んで利用を検証した例である。寝室として十分な明るさを確保でき、かつ安全・安定な点灯を確認できている。

## 4.2　有機 EL 照明器具の駆動方法

次世代の照明光源として完全な面光源である有機 EL 照明に関心が高まっているが、最適な方法で駆動をしないとパネルの能力を生かし切れない。照明用有機 EL パネルを駆動する際の留意点と駆動方法と調光制御について説明する。

### 4.2.1　電子デバイスとしての有機 EL

有機 EL デバイス（パネル）を一つの電子デバイスとしてとらえた場合の電気的特徴を以下に示す。

順方向特性として、LED と同じく非線形素子になるが、LED のように発光開始電圧からの立ち上がりが急峻ではなく、緩やかに立ち上がる特性を示す。発光開始電圧以下の非発光領域では、有機 EL 素子の素子構成上、ITO やアルミの薄膜電極がごく薄い絶縁物（有機材料）を挟んで対向する構造のため、比較的大きい容量のキャパシタンスを形成する（図 4.2.1、図 4.2.2）。このため、ほとんどコンデンサとして機能する。また、発光に寄与しない機能層の影響もあるため、素子構成によってはわずかに電流が流れる場合もある。

素子の発光開始電圧（順方向電圧）はパネルの素子構成や発光色によって変わるが、1 段構成品で約 3〜5 V が一般的である。逆方向特性としては、こちらも容量成分が支配的となり、ほとんどコンデンサとしての振る舞いを示す。また、逆方向電圧（逆耐圧）については LED よりも高く、10〜20 V まで耐えうる。これ以上高い電圧は薄膜有機層が絶縁破壊を起こして電極間が短絡し、素子の永久破壊に至る。

### 4.2.2　定電流駆動

一般的に発光デバイスの駆動方法として定電圧駆動と定電流駆動がある（図 4.2.3）。定電圧駆動は電圧を一定にし負荷（発光素子）に対して供給をする。

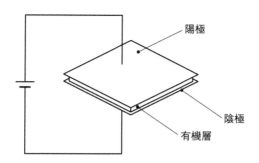

静電容量：$C = \dfrac{\varepsilon S}{d}$　　$\varepsilon$：誘電率　　$S$：導体面積　　$d$：導体距離

図 4.2.1　有機 EL デバイスの模式図

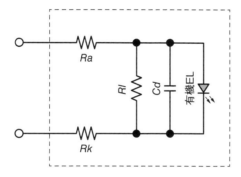

$Rl$：リーク要因インピーダンス
$Ra$、$Rk$：配線抵抗、ITO/AL 膜抵抗
$Cd$：デバイス寄生容量

図 4.2.2　有機 EL デバイスの等価回路

　一方、定電流駆動は、負荷に流れる電流が一定になるように制御して負荷に供給する。照明用有機 EL パネルにおいては、発光面積が広く電流も比較的大きくなることから定電流駆動が一般的である。

　なぜ定電流駆動が必要になるかというと、LED に比べ有機 EL 素子の電圧特性が温度によって変化しやすい点が挙げられる。仮に定電圧で駆動した場合、電流が流れ発光するが同時に発熱も起こる。素子自身の発熱により、有機 EL

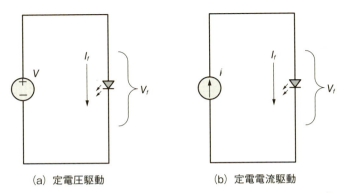

(a) 定電圧駆動　　　　　(b) 定電電流駆動

$V_f$：一定　　$I_f$：素子により変化　　　$V_f$：素子により変化　　$I_f$：一定

図 4.2.3　定電圧駆動と定電流駆動

素子の発光開始電圧（LED の順方向電圧に相当）が低下し、さらに電流が流れ発熱、その発熱でさらに発光開始電圧が低下するという悪循環（熱暴走）に陥る（**図 4.2.4**）。

　その結果、素子は焼損してしまい永久破壊に至る。これは発光面積の大きい照明用有機 EL パネルでは致命的であり、したがって駆動電流を一定に制御する定電流駆動が必須である。熱破壊に至らないまでも、温度によって動作電圧が大きく変わるデバイスのため、定電圧の駆動では輝度に差が出てしまう。よって有機 EL パネルは、輝度の条件として電流値を規定されることがほとんどである。

図 4.2.4　定電圧駆動による熱暴走

### 4.2.3 駆動回路の要件

駆動回路とはいうものの、与えられた電力を変換して出力の負荷(有機 EL パネル)に供給するという点で電源回路そのものである。電源回路に調光用の回路が付加されたものと考えて問題ない。

また、照明用有機 EL パネルの駆動回路について求められる要件としては、一般的な電源回路に要求される安全性、高効率などの他に以下のようなものが考えられる。

・定電流制御:出力電圧にかかわらず電流が一定となる制御
・小型軽量:特に薄型化のためパネルが薄い故に回路も薄い方が良い。
・調光制御:DC 制御または PWM 制御

上記要件から、ほとんどの場合、市販の LED 駆動用の IC や回路が流用可能であるが、有機 EL は素子の構造上、容量成分が多いのでその点を留意する必要がある。

### 4.2.4 回路方式

回路方式としては大きく分けて 2 つに分類できる。

・リニア方式(シリーズレギュレータ、ドロッパ)
・スイッチング方式(スイッチングレギュレータ、SMPS)

リニア方式は、入力電圧と出力電圧の差の電圧降下分をトランジスタや抵抗に負わせ、ジュール熱として放出させて、入力より低い電圧を得る方式である

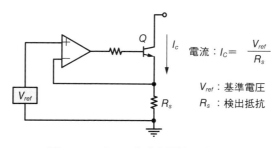

図 4.2.5　リニア方式定電流回路の例

（図 4.2.5）。メリットとしては、単純な原理のため回路構成がシンプルであることから、少ない部品数で構成できる。また、原理的にノイズの発生源がないため低ノイズであり、安定した出力を得られる。デメリットとしては、入出力間の電位差とそこに流れる電流で発生する電力をそのままジュール熱として放出するため、効率が低い点が挙げられる。

　入出力間の電位差が大きい、または負荷電流が大きい場合は当然、損失が増え、熱量も膨大になることから、放熱対策が必須である。その結果、損失に耐えうる大型の素子や放熱用のヒートシンクなどが必要となるため、リニア方式は小電流の負荷で使われることが多い。ディスプレイドライバなど、定電圧／小電流／多出力を IC 内部に作り込むような用途でもリニア方式が用いられる。

　スイッチング方式（スイッチングレギュレータ）は、入力電圧をそのままスイッチ素子（MOS-FET など）で ON/OFF し、そのパルスを LC フィルタで平滑化して出力を得る方式である。出力の制御は、ON/OFF 比（デューティ比）や周波数をフィードバック回路でコントロールして制御を行う。メリットとしては、入力のエネルギーを ON/OFF し、フィルタである L/C に蓄える形でエネルギー変換するため変換効率が非常に良い。また、スイッチング周波数を上げることで必要な LC フィルタも小型化することができる。デメリットとしては、リニアレギュレーターと比べ回路構成が複雑であり、したがって構成部品も増える。また、比較的大きな電力をスイッチで ON/OFF させるため、ノイズが発生する。このノイズは時として電波妨害となり、AM ラジオなどにノイズとして現れる。

　さらに、スイッチングレギュレータについては以下のようにさらに細分化できる（図 4.2.6）。

・絶縁型：フルブリッジ、フライバック、フォワードなど
・非絶縁型：昇圧型（boost）／降圧型（buck）／昇降圧型（buck-boost）

　絶縁型は、商用電源から直接必要な電圧／電流を得るために使われる。しかし、そのままでは危険なためトランスを用いて絶縁を行う。商用電源を整流して高周波でスイッチングさせ、高周波トランスを介して電圧／電流を得る。

第 4 章　有機 EL 照明器具

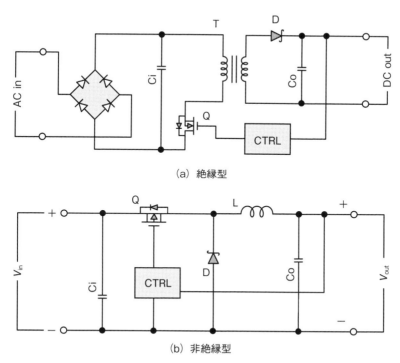

(a) 絶縁型

(b) 非絶縁型

図 4.2.6　スイッチングレギュレータ

　非絶縁型は、バッテリーや AC アダプタなどの直流電源から必要な電圧／電流を得るために使われる。現在、デスクスタンドなどの可搬型の LED 照明器具は、AC アダプタを用いて一旦、直流を得てからこの方式で定電流を得ている物がほとんどである。

### 4.2.5　回路トポロジ

　必要な入力／出力電圧、また目的に応じて、用途に合った回路の型（トポロジ）を使う必要がある。主に非絶縁型の回路トポロジについて説明する（**図 4.2.7**）。

　図 4.2.7（a）に示す降圧型（Buck）コンバータは、出力電圧が入力電圧範囲より低い電圧を必要とする場合に使用する。AC アダプタなどで駆動する場合

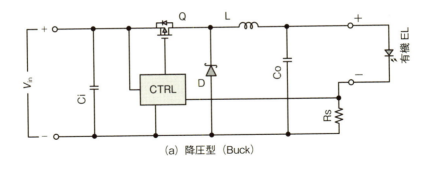

(a) 降圧型（Buck）

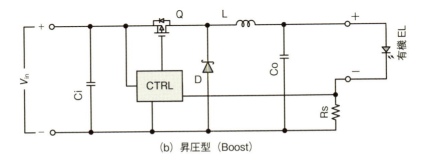

(b) 昇圧型（Boost）

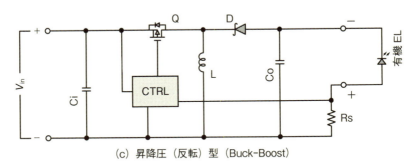

(c) 昇降圧（反転）型（Buck-Boost）

図 4.2.7　非絶縁型スイッチングレギュレータのトポロジ

はこちらの方法となる。また商用電源（AC100 V）をそのまま整流して直接駆動するような場合もこちらの方法が取られる。

図 4.2.7（b）は昇圧型（Boost）コンバータで、出力電圧が入力電圧範囲より高い電圧を必要とする場合に使用する。ただし、非動作時に入力電圧が出力

に現れるため、この状態で不都合がある場合は出力に別途スイッチ素子を入れる必要がある。特に有機EL素子では、素子故障時の安全性を考えると出力側のスイッチは必須である。また、電流によるフィードバックが得られない場合（素子が断線／オープン故障の場合）、電圧が際限なく上がってしまうため、上限電圧のリミットも行う必要がある。比較的電圧の高いマルチフォトン（タンデム）系の素子をバッテリーなどの低電圧で駆動したい場合などはこの方法となる。

図 4.2.7 (c) は昇降圧型（Buck-Boost）コンバータである。出力電圧が入力電圧範囲をまたぐ場合に使用するが、出力の極性が反転するため、反転型（Inverting）とも呼ばれる。また、こちらも昇圧型と同様に最大電圧のリミットが必要である。低電圧の素子（2〜4 V）をリチウムイオン電池1セル（2.7〜4.2 V）や単3電池2本（1.8〜3.2 V）で駆動するような場合はこの方法となる。

一般的な電源と違い負荷が有機EL素子のみになることから、零電位（グラウンド）を入力側に合わせる必要がない。したがって、**図 4.2.8** のような回路バリエーションも存在する。この構成の特徴は、各トポロジでのスイッチ素子の極性が統一できることになる。一般的にシリコンの半導体ではP型のデバイスよりN型のデバイスの方が特性が優れており、同じ特性であれば安価である。したがって、特性の良いN型のデバイスを利用することが可能となり、ドライバのコスト面で有利になる。また、ドライバIC内部にスイッチ素子を入れる際にも有利となることから、このようなLEDドライバICが各社から市販されている。

## 4.2.6　保護回路

有機ELデバイスは構造上、故障モードのほとんどがショートモードであるが、特に電極面積の大きい照明用パネルはその傾向が顕著である（**図 4.2.9**）。このため、故障時において保護回路をどうすべきか大きな課題である。

現在市販されているドライバの多くは、出力電圧を監視し、電圧がある一定の値を下回ると出力を遮断する方式を取っているものがほとんどである。しか

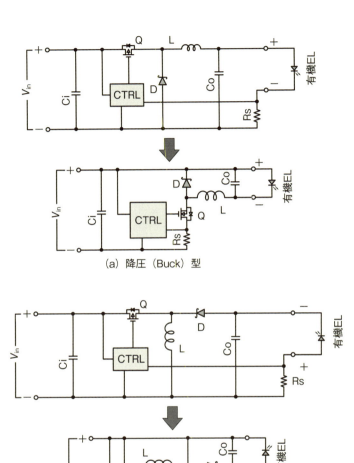

図 4.2.8　トポロジのバリエーション

し、パネルの発光面積が広くなると、パネル内部の配線抵抗などでの電圧降下が無視できなくなり、この方法では検出が難しくなる。

第 4 章　有機 EL 照明器具

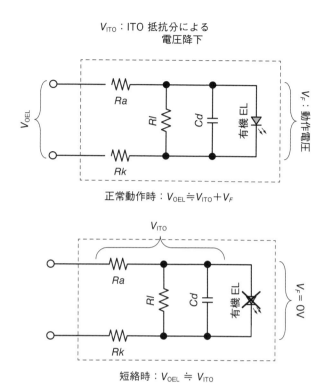

図 4.2.9　故障モード

　ドライバの中で構成する以上、あまり複雑な回路を入れて信頼性を下げてしまっては本末転倒なので、シンプルかつ有効なショート検出の方法が課題である。

### 4.2.7　調光制御

　輝度をコントロールする調光制御にはいくつか方法があるが、大きく 2 つに分類することができる。

・DC 調光：素子に流れる電流を制御し調光する。
・PWM 調光：パルス周期は一定、ON/OFF 時間の比率を変えて調光する。

　DC 調光は、デバイスやパネルそのものに流れる電流をそのまま可変させて

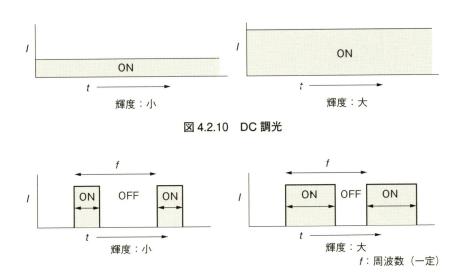

図 4.2.10　DC 調光

図 4.2.11　PWM 調光

輝度をコントロールする方法である（図 4.2.10）。メリットとしては、連続した電流での調光であるため、原理的にフリッカ（ちらつき）が発生しない。調光の方式としては単純であるが、ドライバ側の制御回路は複雑になる傾向がある。また、制御信号がアナログであるため、外部からの信号制御や MPU（マイクロプロセッサ）での制御では D/A（デジタル／アナログ）変換が必要となる。

　PWM 調光は、素子には定格電流を流し、ある一定の周波数で ON/OFF 比を変化させて高速に点滅を繰り返して調光を行う方法である（図 4.2.11）。メリットとしては、電流そのものは可変せずにパネルへの電流の ON/OFF を行うだけなのでドライバの回路構成がシンプルになる。故に軽量化や低コスト化において有利となる。調光信号自体も ON/OFF のデジタル信号で良いため、外部制御や MPU からの調光制御では非常に親和性が高い。しかし、点滅をさせて明るさを変えるということは、フリッカの問題が避けて通れない。このため調光に使用するパルス周波数などの選択は注意する必要がある。

　DC 調光が連続的な電流変化で調光されるのに対し、PWM 調光は ON/OFF

の繰り返しのため、それぞれアナログ調光／デジタル調光と呼ばれる場合もある。 フリッカについては、PSE法で「一般照明用として光源にエル・イー・ディーを使用するものにあっては、光出力は、ちらつきを感じないものであること。」という定義があり、その条件は、

　① 出力に欠落部（光出力のピーク値の5％以下の部分）がなく、繰り返し周波数が100 Hz以上であるもの

　② 光出力の繰り返し周波数が500 Hz以上であるもの

のうちのどちらかを満足する必要がある。しかし、ちらつきの感じ方としては個人差によるものが多く、さらにその照明に照らされたものが動くような場合、上記条件を満たしていたとしても不快に感じたり、ひどい時は健康被害につながる可能性も否定できない。

　よって、有機ELを適用する場所や目的にもよるが、イルミネーションやサイネージなど演出を多用する用途には向いているが、主照明用途としてのPWM調光制御は不向きだと考える。しかしながら、制御方式はMPUや外部からの制御が容易なため、何らかのフリッカ抑制方法を併用してもPWM調光をした方がトータル的にメリットが勝る場合もある。

　最近は、DC調光／PWM調光双方にに対応したスイッチング方式のコントローラーICも各社から多数製品化されているので、利用目的や環境、コストなどに合わせて選択する必要がある。

### 4.2.8　外部制御

　ネットワークインフラの普及で、従来情報機器が主流であったネットワークの接続が、物とネットワークを結ぶIoT（Internet of Things）やM2M（Machine-to-Machine）といった言葉で表されている。照明機器も例外ではなく、スマートハウス・ネットワークの一員として、外部から制御される機器が当たり前になりつつある。現在、外部制御規格としては表4.2.1のようなものがある。

　いずれにせよ、外部との通信を行いプロトコルを解釈してデバイスを制御す

表4.2.1 照明に関わる外部制御規格

| DMX512 | 古くから舞台用照明の制御規格として普及しているが、一方的な通信（ホスト→照明機器）のため制約が多い。 |
|---|---|
| DALI | Digital Addressable Lighting Interface：欧州で一般的な照明制御規格。IEC60929/IEC62386として国際規格化された。双方向通信が可能であり、遠隔で故障や寿命データなどの情報収集も可能。 |
| ECHONET Lite | スマートハウスに向けて家電を繋ぐことを目的とする。ISO/IECにて国際標準化済み。 |
| ZigBee Light Link | 照明を対象にした無線ネットワーク規格。 |

るためにはMPUを載せたインテリジェントなドライバが必須であり、今後の主流となっていくと思われる。

### 4.2.9　実際の適用例

山形大学有機エレクトロニクスイノベーションセンターでの実施例を示す。

#### （1）小型薄型ドライバ（図4.2.12）

当施設でさまざまな有機ELパネルを試作して展示などを行うにあたり、多用途に使える汎用性の高い有機ELドライバを試作開発した。展示における意

(a) 降圧型

サイズ：20×8×3.5（mm）
入力：10～24（V）
出力：Max 300（mA）
調光制御：PWM方式（外部入力）
保護回路：出力電圧低下監視により遮断

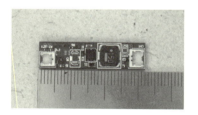

(b) 昇圧型

サイズ：25×8×3.5（mm）
入力：3.0～5（V）
出力：Max 200（mA）
調光制御：PWM方式（外部入力）
保護回路：出力電圧低下監視により遮断

図4.2.12　小型薄型ドライバ

匠性も考慮して、できるだけ小型・薄型で目立たないように設計した。小型MPUの搭載が可能なため、単独で点滅などの動作も可能である。

(2) 電池駆動型ドライバ（図4.2.13、図4.2.14）

　Boost型定電流コンバータにより直接パネルを駆動する。リチウムイオン電池（約2.7〜4.2 V）を昇圧し、170 mAの定電流で制御する。ドライバにはMPUを搭載し制御を行う。

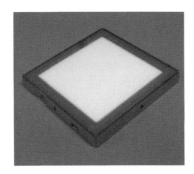

(a) 外観

(b) ドライバ基板

図4.2.13　電池駆動型ドライバ

電源：リチウムイオン電池 3.7 V/1300 mA/h、USBによる充電回路内蔵。
機能：スイッチにより発光モード切替（Full/Middle/Low/blink）および無線によるワイヤレス制御可能（920 MHz帯、独自プロトコル）
試作協力：オーガニックライティング（株）

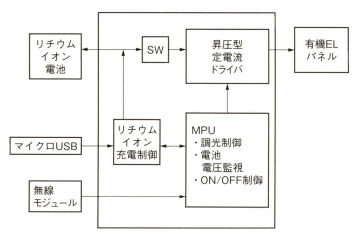

図 4.2.14　電池駆動型ドライバのブロック図

## （3）さくらんぼ形有機 EL イルミネーション（図 4.2.15、図 4.2.16）

風や揺れに反応してパネルが動くと光り方が変わるイルミネーションを作製した。有機 EL 素子の 15 V/15 mA と小電流のため、入力電圧を 18 V してそこからリニア定電流レギュレータを 2 回路構成し、有機 EL デバイスに供給し

（a）外観

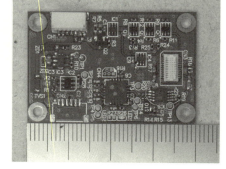

（b）ドライバ

図 4.2.15　さくらんぼ型有機 EL イルミネーション

第4章 有機EL照明器具

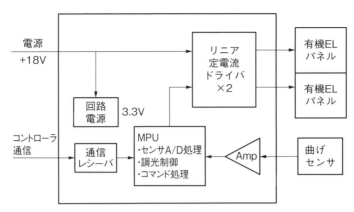

図4.2.16 さくらんぼ型有機ELイルミネーションのブロック図

た。調光はPWM調光を用い、さくらんぼ枝部分に取り付けた曲げセンサの変化量をMPUで読み取り、曲げ量に応じてPWM調光するようにした。

(4) 加速度センサ＋有機ELパネル（図4.2.17、図4.2.18）

　ドライバ基板に3軸の加速度センサを組み込み、センサからの出力に応じて発光色が変化するイルミネーションを作製した。電源はリチウムイオン電池（720 mA/h）で、Boost型コンバータで電池電圧を6Vまで昇圧、その後、

図4.2.17 加速度センサ＋有機ELパネルのドライバ基板

**149**

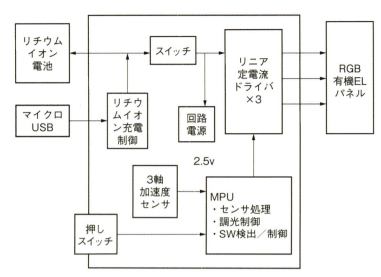

図 4.2.18　加速度センサ＋有機 EL パネルのブロック図

3 ch（R、G、B）各色のリニア定電流ドライバを介してパネルを制御する。加速度センサからの情報を MPU で処理し、各色 PWM で調光を行い色を変化させている。

**参　考　文　献**

「改訂 スイッチング・レギュレータ設計ノウハウ―すべての疑問に応えた電源設計」、CQ 出版社

グリーン・エレクトロニクス No.2、「LED 照明回路の設計―高効率・長寿命を実現するノウハウ」、CQ 出版社

グリーン・エレクトロニクス No.3、「続 LED 照明＆力率改善回路の設計」、CQ 出版社

「LED 照明設計の基礎」、EE Times　Japan

http://eetimes.jp/ee/kw/ee_led.html

ZigBee Light Link　http://www.zigbee.org/Standards/ZigBeeLightLink/Overview.aspx

DALI　http://www.dali-ag.org/

EchoNet Lite　http://www.echonet.gr.jp

おわりに

　白熱電球に始まり、蛍光灯、そしてLEDや有機ELへと照明技術はより効率の高い発光デバイスへと進化してきた。しかし、照明器具とは、ただ明るく、省エネであればよいというものではない。これからは究極の快適な照明空間を目指して、その発光色、輝度、形状、使い方を含めた発光デバイスの開発が必要である。

　たとえば、なぜ人はオレンジ色の炎に、やすらぎ、暖かさを感じるのか。それは、原始の時代に「火」による生活革命があり、「火」に慣れ親しんできたからである。このような揺らぎのある暖かい光を人工的にいかに生活空間に取り入れるか、まさに照明空間をデザインし、そのための発光デバイスを開発する時代に突入したといえる。

　有機ELは、照明器具としては産声を挙げたばかりである。今はまだガラス基板を用いたパネルがほとんどであるが、すでにフレキシブルパネルも一部実用化され始めた。このような紙のように薄く、曲げられ、丸められる発光パネルは、これまでとは異なる照明空間を創造できる。壁紙が光る、天井が光る、家具が光る、窓が光る。照明空間革命である。

　このような革命的な照明デバイスを普及させるには低コスト化が必須である。この点、有機半導体材料は、溶剤に溶かして溶液状にして、印刷技術で成膜することができる。フレキシブル基板を用いて、ロールtoロールで製造することにより価格は蛍光灯をも下回る。それはまさしく発光デバイスにおけるプロセス革命ですらある。

　では、究極の照明とはいかなるものか。壁紙のような大型高精細8K有機ELディスプレイを天井や壁にも使用して、天井一面に青い空に白い雲を流す。しかも壁には白い砂浜など照明空間自体を自然界のごとく再現するのである。照明デバイスとディスプレイデバイスの融合である。また、撮像素子を組み込むことにより、壁紙に映る等身大の相手とフェースtoフェースで臨場感のある会話を行う。そうなれば、照明、ディスプレイ、コミュニケーションの融合である。このようなSF的とも思われる「コミュニケーションウォール」も、フレキシブル基板を用いて印刷で製造できる有機ELであれば実現可能である。20年後、身の回りは有機ELで囲われていることであろう。

# 索　引

## あ　行

アプリケート法 ……………………… 100
イオンプレーティング ……………… 75
インクジェット塗布 ………………… 105
インテリア照明 ……………………… 130
エージング・欠陥検査機 …………… 113
エネルギー移動機構 ………………… 51
エバネッセントモード ……………… 11
エレクトロスプレー塗布 …………… 107
演色性 ………………………………… 4
オリゴマー型有機EL材料 …………… 65

## か　行

外部制御規格 ………………………… 145
外部モード …………………………… 11
外部量子効率 ………………………… 10
回路トポロジ ………………………… 139
可撓性基板 …………………………… 33
乾式成膜法 …………………… 74、97
輝度 …………………………………… 4
基底状態 ……………………………… 48
機能分離積層構造 …………………… 54
基板洗浄 ……………………………… 79
基板モード …………………………… 11
逆方向電圧 …………………………… 135
共重合型高分子 ……………………… 64
共蒸着 ………………………………… 88
駆動回路 ……………………………… 137
クマリン6 …………………………… 51
蛍光 …………………………………… 48
蛍光灯 ………………………… 4、95
ゲスト材料 …………………… 50、83

ゲストーホスト法 …………………… 83
降圧型コンバータ …………………… 139
高屈折率基板 ………………………… 12
光束 …………………………… 4、95

## さ　行

材料使用効率 ………………………… 89
さくらんぼイルミネーション …… 41、148
色素ドーピング ……………………… 51
住宅建材組み込み照明 ……………… 132
主照明 ………………………………… 124
順方向電圧 …………………………… 135
昇圧型コンバータ …………………… 140
昇華精製装置 ………………………… 81
昇華法 ………………………………… 81
昇降圧型コンバータ ………………… 141
蒸発源 ………………………… 76、85、90
照明器具全体の総合効率 …………… 121
シーリングライト …………………… 124
真空蒸着 ……………………… 46、74
スイッチングレギュレータ ………… 138
水分透過率 …………………………… 33
スクラブ洗浄 ………………………… 79
ストライプ塗布 ……………………… 106
スパッタリング ……………………… 74
スピンコート法 ……………………… 99
スプラッシュ ………………………… 82
スリットダイ ………………………… 101
スリットノズル塗布 ………………… 101
正孔 …………………………… 3、48、85
絶縁型スイッチングレギュレータ … 138

**153**

## た行

ダイコート法 …………………………… 100
耐熱性 …………………………………… 33
ダークスポット ……………… 31、79、111
ダム-フィル構造 ………………………… 37
タンデム構造 …………………………… 8、70
超音波洗浄 ……………………………… 79
調光制御 ………………………………… 143
長鎖アルキル基 ………………………… 64
超薄膜ガラス …………………………… 36
直接再結合励起 ………………………… 51
定電圧駆動 ……………………………… 135
定電流駆動 ……………………………… 135
デザインディスプレイ ………………… 131
デシカント …………………………… 31、111
デスクスタンド ………………………… 128
電子 ……………………… 3、48、64、85
電子輸送材料 …………………………… 57
電子輸送層 ……………………… 3、18、30、54
転写法 …………………………………… 87
デンドリマー型有機EL材料 …………… 65
電力効率 ………………………… 4、10、14
導波モード ……………………………… 11
トップエミッション …………………… 34
ドーパント ……………………………… 51、83
塗布型ロール to ロール ………………… 97
塗布溶媒 ………………………………… 62

## な行

内部量子効率 …………………………… 10
熱活性化遅延発光 ……………………… 60
熱暴走 …………………………………… 136
熱CVD …………………………………… 75

## は行

白色有機EL …………………………… 3、22
パターニング …………………………… 90
発光開始電圧 …………………………… 134
発光スペクトル ………………………… 5
発光層 …………………………… 3、30、54
バリアフィルム ……………………… 26、35
光吸収ロス ……………………………… 11
光透過率 ………………………………… 34
光取り出し効率 ………………………… 12
非絶縁型スイッチングレギュレータ
 ……………………………………… 138
ビルドアップ光取り出し基板 ………… 13
ピンアライメント ……………………… 91
不快グレア ……………………………… 119
ブライトスポット ……………………… 112
プラズマCVD …………………………… 75
フラッシュ法 …………………………… 87
フリッカ ………………………………… 144
フレキシブル有機ELパネル …………… 26
フレキシブル封止構造 ………………… 36
分子量 …………………………………… 47
平均演色評価数 ………………………… 5
平坦性 …………………………………… 33
芳香族化合物 …………………………… 44
保護回路 ………………………………… 141
ペンダント型高分子 …………………… 64
ポイント蒸発源 ………………………… 85
ホスト材料 …………………………… 50、83
ボトムエミッション …………………… 34
ポリフェニレンビニレン ……………… 63
ホール …………………… 3、18、48、64、85
ホール注入層 …………………………… 68
ホール輸送材料 ………………………… 55
ホール輸送層 ………………… 18、30、54、68

## ま 行

| 項目 | ページ |
|---|---|
| 膜厚の均一性 | 89 |
| マルチフォトン構造 | 8、70 |
| メガソニック洗浄 | 79 |
| メタルフォイル | 36 |
| 面状蒸発源 | 85 |

## や 行

| 項目 | ページ |
|---|---|
| 有機物 | 44 |
| 有機 EL 用真空成膜装置 | 91 |

## ら 行

| 項目 | ページ |
|---|---|
| ライン蒸発源 | 85 |
| リニア方式電流回路 | 137 |
| リン光 | 15、48 |
| 励起一重項 | 48 |
| 励起三重項 | 48 |
| 励起状態 | 48 |
| レート制御 | 87 |
| ロール to ロール装置 | 93 |

## わ 行

| 項目 | ページ |
|---|---|
| ワイドエネルギーギャップ材料 | 52 |
| ワイピングラバー | 104 |

## 英数字・ギリシャ文字

| 項目 | ページ |
|---|---|
| $Alq_3$ | 45、50 |
| B3PyPB | 57 |
| CBP | 50 |
| CCD アライメント | 91 |
| Coat Hanger 型スリットダイ | 101 |
| CVD | 74 |
| C545T | 49 |
| DC 調光 | 143 |
| DCzPPy | 57 |
| EQE | 10 |
| FIrpic | 57 |
| Hot Wall 蒸発源 | 85 |
| HOMO | 84 |
| IQE | 10 |
| Ir(ppy)$_3$ | 51 |
| ITO エッジカバー | 34 |
| ITO 電極 | 18、32 |
| LED | 28、95、120 |
| Libpp | 59 |
| LUMO | 68、84 |
| MPE | 70 |
| OVPD | 87 |
| PEDOT：PSS | 68 |
| PQ$_2$Ir | 57 |
| PWM 調光 | 143 |
| PVD | 74 |
| Ra | 5 |
| T 型スリットダイ | 101 |
| TADF | 15 |
| TAPC | 45 |
| TS 距離 | 85 |
| TCTA | 57 |
| UV オゾン洗浄 | 79 |
| 4SzIPN | 60 |
| $\pi$ 共役 | 63 |
| $\pi$ 電子 | 44 |

### 有機EL照明

NDC545

2015年1月28日 初版1刷発行　　　定価はカバーに表示してあります

　　　Ⓒ　編著者　　城　戸　淳　二
　　　　　発行者　　井　水　治　博
　　　　　発行所　　日刊工業新聞社
　　　　〒103-8548　東京都中央区日本橋小網町14-1
　　　　　電　話　書籍編集部　03-5644-7490
　　　　　　　　　販売・管理部　03-5644-7410
　　　　　FAX　　　　03-5644-7400
　　　　　振替口座　00190-2-186076
　　　　　URL http://pub.nikkan.co.jp/
　　　　　e-mail　info@media.nikkan.co.jp

　　　　　印刷・製本　美研プリンティング㈱

落丁・乱丁本はお取り替えいたします。　　2015 Printed in Japan
　　　　ISBN 978-4-526-07332-8
本書の無断複写は、著作権法上の例外を除き、禁じられています。